もしも、うちのワンちゃんが話せたら…

西川文二

成美文庫

本書は成美文庫のために書き下ろされたものです。

プロローグ

おいらダップ。ミニチュア・プードルとミニチュア・ダックスのミックス。生まれは２００５年、千葉県産だ。

おいらっていうくらいだから、性別はオス。パートナーは家庭犬しつけインストラクター、Can ! Do ! Pet Dog School っていう、家庭犬のしつけの学校の代表をしてる。

実はおいらには、代表も知らない秘密があるんだ。

それは、仲間のイヌたちにはない特殊能力をもってるってこと。人間の言葉、それも日本語が理解できちゃうのさ。

おいらの仲間たちは、人間の言葉を人間のようには理解しないぞ。数や時間や善悪と同じように、言葉は抽象的な概念だから、脳が相当発達して

ないと理解できない。

　脳が発達してる動物ほど、脳全体に占める前頭葉の割合が多いっていわれてるけど、おいら達イヌの大脳に占める前頭葉の割合は、人間のそれの4分の1以下なんだ。

　さらに、人間の言葉を理解するには、脳の側頭葉にある言語野って部分が欠かせないけど、イヌにはそれがない。

　だから、どう転んでも、おいら達イヌは人間の言葉を人間のようには理解できないのさ。

　でも、おいらはその人間の言葉を理解できちゃうわけよ。

　なぜだ！　どうしてだ！

　話は簡単。代表（＝この本の作者）のご都合主義によるもの。おいらはもちろん実存するんだけど、おいらが言葉を理解できるっていう部分は、仲間たちの気持ちを代弁するために生み出されたフィクションなのさ。

フィクションとはいっても、代弁する仲間の気持ちは、まったくの作り話ってわけじゃない。それは科学的な視点に基づいてるからね。つまり、おいらが話すっていうこと自体はフィクションだけど、その話の内容ってのは、ほぼノンフィクションっていえるわけだ。

さて、おいらは日々、代表の仕事のお手伝いをしてるから、毎日いろんな仲間たちと出会ってる。そこで、仲間たちはいつもこんなことをいってるぞ。

「人間っておいら達の気持ちを勝手に決めつけてる」、「そうそう、それがストレスになるんだよな」、「もっとわたしたちの気持ちをわかってほしいわ」ってね。

正直、飼い主さんたちがおいら達の気持ちを正しく理解してくれたら、おいら達との暮らしは、もっともっと楽しくてわかり合えるものになる。

乞うご期待だ！　おいらが本当のイヌの気持ちを代弁してあげるから

さ。この本を読み終えたら、あなたもイヌの気持ちのカウンセラー！

明日からはおいら達イヌのよき理解者だ！

＊本書に登場するおいら以外の主なイヌ、および猫

★プー兄貴：おいらが生後2カ月で代表の家にやってきたときに、すでにいた日本犬ミックス。1996年～2006年没。

★鉄：おいらが4歳のときに代表の家に3カ月齢でやってきた日本犬ミックス。正式名は鉄三郎。2009年～。

★チビコ先輩：代表の家で生まれたアメリカンショートヘアーっていう猫。正式名はチビココア。ココアって名の猫が母親、その子どもなんでチビココアって名に。1997年～。

★こにゃ：おいらが5歳のときに、3カ月齢で代表の家にやってきた日本猫。2010年～。

もしも、うちのワンちゃんが話せたら…　目次

第2章 **イヌにできること、できないこと**

第3章 その吠え、しぐさ、意味あります

第4章 理由があります、その行動

第5章 飼い主たちの疑問にもアンサー！

本文デザイン／澤地真由美
編集協力／雅麗

第1章

カラダは雄弁なのだ！

目は口ほどにものをいう

おいら達イヌの気持ちも知らないで、人間がやりたがることのひとつに、おいら達をじっとみるってのがある。

そりゃあ、大好きな飼い主からみられるのはうれしいけどさ。見知らぬ相手からみられるのは人間だってどうよ？　いい感じはしないだろ。歌舞伎町なんかの繁華街に行って、知らない誰かをじ～っとみてご覧よ、何かが起きるでしょうに。

そう、見知らぬ相手の目をみつめるってのは、いわゆるメンチを切るとかガンを飛ばすって行為そのものなんだ。みられてるほうは、とってもストレスを感じる、やめてほしい行為のひとつってわけ。

「目は口ほどにものをいう」って人間のことわざがあるみたいだけど、おいら達イヌも同じだ。

まず、知ってほしいのは、**イヌが相手をみつめるのには3つの意味があるってこと。**

ひとつは、さっきいったメンチを切るってやつ。挑戦や攻撃を挑んでいるから、にらみつけるような鋭い目つきになるぞ。

もうひとつは、襲われないかと警戒して、相手から目が離せなくなっちまうときだ。瞳孔が開いてたり、白目がみえてたり、おびえるような目つきになったりする。

瞳孔が開くのはストレスによるもの。白目がみえるのも同じだ。おいら達の目は黒目がちなんだけど、ストレスが強くかかると、目を見開くようになるから、なんとなく白目がみえてくるのさ。

ちなみに、かかわりたくないけど気になるって複雑な心理状態のときは、カラダや顔は相手方向に向けないで、目だけで相手を確認しようとする。

そう、上目遣いになったり、横目でみる形になったりするんだ。

その結果、白目がみえる形になるわけだ。ものを守ろうとするときも、そうした目つきをするぞ。

愛犬がそんな目つきを頻繁にみせるのなら、あなたからストレスを感じてるってことかもしれない。

最後は、信頼関係の証から相手をみつめてる場合だ。そのときの目は、キラキラしていて期待に満ちた感じさ。とってもいい関係にある飼い主には、おいら達はしょっちゅうこの視線を送ってるぞ。

そうなんだ、おいら達の視線ひとつで飼い主との関係がよくわかるのさ。ためしに外であなたのイヌにオスワリをさせてみてよ。

飼い主との関係がいいイヌは、喜んで座って、飼い主を見上げてるはずさ。後で詳しく話すけど、おいら達からいつも視線を送られてるような飼い主は、幸せ度が高いんだぜ。

え、仕方がなく座った感じで、座ってもよそ見してるって？
それはよろしくないですよ。イヌが嫌々ながら座ってる典型的な例だ。
服従関係を求められてる仲間や、力ずくでオスワリを教えられた仲間によくみられる。
そんな仲間をみてると、かわいそうになっちまうね、おいらは。

歯は刃でもあるのだ！

おいら達イヌは、いつも武器を携帯してる。人間たちならさしずめ銃刀法違反ってとこか。

そう、それは犬歯ってやつさ。でも安心してほしい。ほとんどの仲間は、この武器の使い方を知らないままに、一生を終えるからね。拳銃はもってるけど、その使い方を知らないって感じ。

でも、弾をどう撃っていいかはわからないけど、銃口を向けると相手がこわがったり、どうすれば安全装置を外して引き金を引けたりするかってことなんかを知ってしまうやつもいるぞ。

そのきっかけのほとんどは、恐怖やストレス、嫌なことに遭遇して、そこから逃れたいってときに起きる。

代表の教室には、飼い主に本気で噛む仲間がときどきやってくる。そのときに、やつらにそのワケを聞いてみると、無理やりにマズル（鼻の上の部分）をつかまれたとか、嫌がるのに仰向けにさせられそうになったとか、くわえてるものを急に取り上げられそうになったとか……。ま、人間であれば、「何をするの！　やめてよ！」って、叫びたくなるようなことさ。

で、やつらが抵抗して噛みつくと、飼い主はあきらめるようになる。そこで、「飼い主って、噛みつくと嫌なことをやめるんだ」って気づくわけよ。その後は、毎回それに成功して、噛みつくのがどんどん得意になっちまう。

であれば、その**きっかけを与えないことが、武器をもってることに気づかせないいちばんの方法**ってことだ。

人間が叱りたくなる気持ちはおいらにはわかる。おいら達イヌが、人間社会のルールやマナーに反する行動をするからだ。

でも、仲間たちの気持ちはもっとわかるぞ。おいら達は、イヌとして当たり前の行動をしてるだけだ。だから、まずはどうしたらいいのかを、おいら達にわかるように教えてくれっていいたいわけ。

え、だったらきちんと叱って教えなくてはって？

待ってくれよ、さっきもいっただろ。**イヌが犬歯という武器をもってることに気づくのは、叱られたときに噛みつくってのがきっかけになる**ってことをさ。

いかに叱らないで好ましい行動を教えていけるか。それもおいら達にわかりやすくだぞ。人間の言葉はわからないんだからな。

そのためには、**飼い主がイヌの気持ちを理解して、イヌがどうやって行動を記憶、定着、習慣化させていくかっていう学習理論をちゃんと知ること**さ。

そこらへんのところを、どうかひとつ、ご理解のほどを！

読唇術は読心術

犬歯は唇に隠されてるから、この武器を相手にみせるときは、唇を引き上げないといけない。鼻の上にしわを寄せてね。

人間は犬歯が退化しちゃってるけど、鼻にしわを寄せると、人間だってちゃんと犬歯をみせることができる。仁王像の顔みたいなもんだな。

この犬歯の見せ方だけど、積極的に武器をちらつかせる場合と、仕方がなくみせる場合とでは、唇のきわの位置が違うぞ。

この唇の左右にあるきわは口角（人間のことわざなんかにある「口角泡を飛ばす」のあの口角のことね）っていうんだけど、この口角が前方に出てると、積極的に武器をみせる状態だ。口をとがらせるような形で鼻の上にしわを寄せてる。「口をとがらせて文句をいってる」とか、積極的に何かをいってる様子として人間はよくいうけど、まあ、そんな感じかな。

ちなみに、そんなときのイヌは、「やんのか、おらぁ！」っていう状態だ。力にも自信をもってる。だから、近づいたらまず噛みにくるぞ。でもまあ、それほど心配することもないかな。だって、みるからに危険だってわかるからさ。番犬なんかにはときどきいるけど、家庭犬として飼われてる仲間には、あんまりいない。

人間たちがよく噛まれてしまうのは、口角を後方に引きながら、鼻の上にしわを寄せて犬歯をみせるイヌだ。これ、人間が真似するのは難しいかな。口を横に広げて「いー」っていいながら、鼻の上にしわを寄せる。人間なら、そんな表情だ。積極的に噛んでくるタイプとは明らかに違うってのがわかる。

恐怖や不安、ストレスから逃れるために、仕方がなく噛んでくる。まさに「窮鼠猫を噛む」っていう、あれなのさ。

こっちのタイプのイヌは、力に自信がなく、こわがりだったりする。一見弱々しくみえるから、つい「何をこわがってるの、大丈夫よ」って、手を出しちゃうんだな、人間たちは。その結果、噛まれちまう。

「こわくないのよ」って気持ちを伝えたいなら、手なんか出しちゃいけないぞ。恐怖や不安、ストレスを感じてるんだから、その恐怖や不安を取り除いてあげることに尽きるのさ。

手は出さず、視線を外して少し離れて、相手のイヌがみずから匂いをかぎに近づいてくるのを待つこと。

目をみてズカズカ近づくなんて、間違ってもやっちゃいけないぜ。

耳よりな耳のお話

耳が寝てるか、立ってるかでも、おいら達イヌの心理状態はわかるぞ。

ここでは、立ち耳の仲間を例に話を進めていくことにする。

立ち耳のイヌは、音をしっかりと聞き取るために、耳を立て前方に向けた状態からほぼ真横まで、レーダーのパラボラアンテナのようにまわすことができるんだ。そればかりか、何か起きたときの損傷を最小限に防ぐために、まるで飛行機の車輪を格納するがごとく、後ろに寝かせて耳を格納することだってできる。

そう、**耳を寝かせてるときは、万が一のときの損傷を最小限に防ごうとしてる心理状態**なんだ。逆に、**耳がピンと立ってるときは、力に自信があって、万が一の損傷なんて受ける危険がないっていう心理状態**だ。

ためしに、かたわらにいるイヌをなでてみなよ。もし耳がふっと寝るのであれば、そのイヌは不安や恐怖を感じてるってこと。訓練士なんかはそうしたおいら達の態度を服従していて好ましいっていったりしてるけど、決しておいら達にとっては、幸せな状態じゃない。不安でいっぱい。ストレスを感じてるってことさ。

え、**なでても、耳を格納しないで、ニコニコしてるって？　それってとっても飼い主を信頼してる**ってことさ。

おっと、頭の上はなでないでおくれよ。信頼していても頭の上は苦手な仲間が多いからな。反射的に耳が倒れちゃうんだ。

なになに、頭をなでられても、耳を倒さずにニコニコしてるって？

それは、相当ないい関係ですぞ、あなたとイヌは。いや、それとも鈍感なだけなのか……。

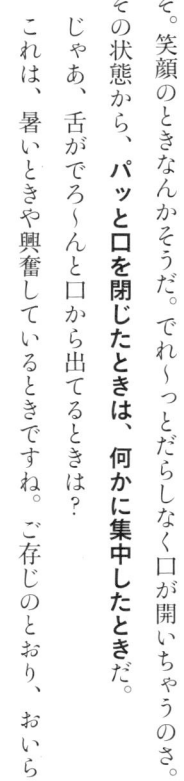

舌にも気持ちは出ちゃうのでシタ

格納できるおいら達のパーツはまだあるぞ。舌がそうだ。**舌がみえてない、つまり口を閉じてるときは、自然体か、やや緊張、警戒、集中してる心理状態**だ。最近の若い人間たちのなかには、いつもポカンと口を開けてる人がいるけど、本来人間たちも集中すると口を閉じる。それと同じさ。

口は開いてるけど、舌が出てない状態。これはリラックスを意味してるぞ。笑顔のときなんかそうだ。でれ〜っとだらしなく口が開いちゃうのさ。その状態から、**パッと口を閉じたときは、何かに集中したとき**だ。

じゃあ、舌がでろ〜んと口から出てるときは？

これは、暑いときや興奮しているときですね。ご存じのとおり、おいら達イヌは全身で汗をかけない。走った仲間が全身汗でびっしょり、なんてみたことないだろ。猫も同じだね。馬は違うぞ。馬は走ったあと、濡れネズミ状態だ。はて、ネズミはどうだろう？

おっと、話が変な方向にいきそうだ。おいら達の話だ、重要なのは。全身で汗はかけないけれど、おいら達イヌは変温動物じゃない。人間と同じ恒温動物だ。体温を一定に保って生きてる。

暑いときは体内の水分を蒸発させて、その気化熱でカラダを冷やしてる。その水分を蒸発させる場所は、大きく分けて2カ所。ひとつはパッド、これは足裏の肉球だ。もう1カ所は鼻、口から気道にかけてのラインさ。

体温を下げたいときは、パッドは湿るわ、鼻は濡れるわ、舌を大きく出してあえぐわ。まぁ、ラブラドール・レトリバーみたいな大型犬は大騒ぎ状態になっちまう。

ちなみに、**暑くもなく、運動したあとでもないのに、舌を出してあえい**

でるときもある。口は閉じてるけど、舌をペロッ、ペロッと出すこともある。鼻や唇をなめたりすることも。こうしたしぐさは、緊張してたり、不安やストレスを感じてるときにやるんだ。

ちなみに、ダラ～ンと舌を出してようと、ペロッ、ペロッと出してようと、**舌を口の外に出す行為は、攻撃の意志がないことも意味してる**んだぜ。だってそうだろ。舌を出しながら相手に噛みついたら、自分の舌を噛んじまうじゃないか。

しっぽは語る

おいら達のカラダで格納できる部分がもう1カ所ある。それはしっぽだ。耳と同じように、いろんな動きをする。

で、このしっぽも、その位置の変化で心理状態が読めるのさ。

ただ、その変化を読み取るには、まずはニュートラル・ポジションを知ってないといけない。ニュートラル・ポジションってのは平常心のときの位置だ。

ピンと上を向いてるやつ、くるっと巻いてるやつ、水平に伸びたやつ、少し下向きのやつ、真下に垂れてるやつなど、犬種によってその位置がそれぞれ違うのさ。

やっかいなのは、フレンチブルドッグみたいに、短いしっぽがブタのようにケツに張りついてるやつとか、コーギーみたいにしっぽが根本から切られてるやつだ。

これじゃあ、しっぽの変化がまったくわからないから、心理状態も読めないってわけよ。

さて、ニュートラル・ポジションが把握できれば、あとは簡単だ。

その位置よりもしっぽが高くなれば、ハッピーだったり、自信をもってたりする心理状態。逆に**低くなれば、不安や緊張、ストレスを感じてる。さらに、恐怖を感じたりすると、しっぽはお腹の下に巻かれちまう。**

まさに「しっぽを巻いて逃げる」ってときのしっぽの位置さ。

耳同様、相手に襲われて食われちまったらたまんないから、しっかり格納するってわけ。

実は、腹の下に格納するってことは、陰部を守ってることでもある。

万が一しっぽに損傷を受けたとしても、陰部が守られていれば、遺伝子を残すことができるからね。

しっぽを巻くってのには、こんな理由もあったってことよ。

さて、しっぽについては、その動かし方もいろいろある。

左右にゆっくり、左右にブンブン、上下にブンブン、扇風機のようにグルグルまわすってのもいる。腰からクネクネと動かすのも。

さらに注目してほしいのは、その動かす速さだ。速ければ速いほど興奮してるってことさ。

たとえば、あなたがイヌを呼んだときに、しっぽを上げて高速で振ってたら、イヌはハッピーで期待に満ちた興奮状態ってことだ。

なんでも訓練士のなかには、**しっぽを下げてゆっくりと振ってるのが好ましいって人がいるらしいけど、それってちょっと不安な心理状態**なんだぞ、実のところは。

そういった訓練士が接する仲間たちは、服従させられてるから、しょうがないけどね。
おいらからすれば、かわいそうって思えちまうんだ。みんなはどう思う？

よだれは冷や汗？

パブロフのイヌの話って知ってるだろ。

おいら達イヌが何の反応も示さないブザーの音を、食事の前にいつも聞かせてると、そのうちブザーの音に反応して、よだれを流しちゃうようになるって話さ。

条件反射っていって、パブロフってのはそれを発見した人の名前だ。パブロフは、この発見でノーベル賞っていうエライ賞をとったっていうから、まぁすごいんだろうね。

でもこの実験、当時のままの様子でいまやったら、まさに虐待そのもの。実際は、よだれじゃなくて、だ液と胃酸の分泌の量を計ったんだ。ただ、だ液は飲み込んじゃうし、胃酸はそもそもお腹の中。

じゃあ、どうやってそれらを計ったか？　だ液は飲み込まないように口の中に穴を開けて、胃酸は胃に穴を開けて、それぞれがカラダの外に流れるようにして計ったっていうのさ。いやぁ、おそろしい。

まぁ、実際の話はともかくとして、どうもこの話の影響からか、おいら達は食べ物を目の前にすると、よだれを垂らす動物ってイメージをもたれてるみたいだな。

だけど、普通に生活していて、食べ物を目の前によだれを流すやつなんて、どっちかっていうと少数派だぞ。だ液が出てきたってみんな飲み込んじゃうってもんさ。人間だってそうだろ？　食べ物を目の前にして、よだれを垂らすなんてのは、マンガの世界以外ではそうそうない。

少数派のやつらは、目の前にフードをおいて何分もオアズケをさせたがるオアズケ・フェチの飼い主に育てられてるか、ラブラドールなどの大食らい選手権優勝候補系の犬種、あるいはそうした体質の仲間にかぎるってもんさ。

前置きが長くなっちまったけど、今回話したいのは、おいら達は食べ物とは無関係によだれを流すことがあるって話。

ひとつは、熱中症っていうこわい病気の予兆。

おいら達は、鼻や口から気道にかけての水分を気化させて、主に体温調節を行ってる。人間の汗と一緒だ。人間の汗って蒸発する以上に出てくれば、ぼたぼたしたたり落ちるだろ。イヌのよだれはそれと一緒。気化が追いつかない量の、体温調節のために体外に出された水分が口の中からあふれてくる。

人間の場合なら、汗がしたたり落ちたっていっても、それがすぐ熱中症の予兆ってわけでもない。だけど、おいら達イヌは**全身で汗をかいて体温調節ができないから、放っておくと、あっという間に熱中症になっちまう**

危険があるってこと。そういうときは、**日陰に入り、水を飲ませ、カラダを冷やしてほしい**ってもんさ。

よだれを流すもうひとつの要因はストレスだ。

おいら達も人間と同様に、**緊張や不安、ストレスを感じると、イヤ〜な汗ってやつをかく**。で、**イヌの場合はそのイヤ〜な汗をかくのも、足の裏と鼻および口から気道にかけての部分のみ。それが口からあふれ出てきちまう**ってわけさ。

暑いときのよだれは熱中症の予兆、暑くもないときのよだれはストレス。

そう理解してくださいな、ぜひとも。

風邪でもないのに鼻水が……

人間が鼻水を垂らしてたら、風邪か花粉症なんかのアレルギーだろうね。で、おいら達が鼻水を垂らしてたら……。

もちろん風邪などの病気の場合もある。でも、「目やに」で目がぐしょぐしょ、鼻水もサラサラじゃなくてネバネバ状だったら……。これは場合によっては、ジステンパーっていうおそろしい病気にかかってることも。ジステンパー。おお、おいら達にとって、聞くだけで身の毛もよだつこわい病気だ。

この病気は平均4～7日の潜伏期間を経て発病する。発病すると熱が出て食欲不振になる。熱はいったん下がるんだけど、ここがジステンパーの不思議なところで、数日の間隔を置いて、第2期の発熱がはじまるんだと。

そのときは、咳や目やに、鼻汁なんかが出てくるんだってさ。

で、感染しちまうと、死んでしまうか、助かっても何かしらの障害が残ることが多いらしい。

おいら達の遠い親戚とされるニホンオオカミってのが絶滅したのは、この病気のせいだって説もあるくらいだ。おお、やっぱ、こわいわ。

でも、人間がワクチンっていう絶大なる予防策を講じてくれるから、そうおそれることはない。ありがたいね、人間の知恵ってやつは。

さて、おいら達が鼻水を垂らすのは病気だけが原因じゃない。ちなみに、この場合の鼻水はさらさらしてる。

おいらの場合、トリミング台や診察台にのせられたり、爪切りをされたりするときは、確実にこの鼻水を垂らしちゃうね。それも、ぽたぽたと。

そう、ストレスってやつで鼻水が出ちまうのさ。メカニズムはよだれと同じ。おいら達の場合、ストレスを感じたときにかく汗も、足の裏と鼻および口から気道にかけての部分のみ。鼻水はこの鼻腔にあふれ出た水分が鼻の穴から漏れてきちまうってことさ。

イヌはこの鼻水が垂れるのを防ぐために鼻を舐めたりする。そう、**鼻をペロペロ舐めるのも、ストレスが原因ってこともある**ってわけ。

それと、その鼻水が鼻の中を刺激すると、クシャミが出る。そうなのよ、クシャミって、軽度なストレスのサインでもあるのさ。

実際、おいらはこのストレスが原因のクシャミをよくする。で、代表はそのクシャミのタイミングをうまく利用して、芸にしちまった。そうなんだ、おいらは代表の指示でクシャミができるんだ。

ちなみに、この芸、どこで披露しても、バカ受けなんだぜ。ウソだと思うなら、一度みにおいでって。

鳥肌立ちます、イヌだって

関西だと鳥肌のことをサブイボっていうらしいね。

これって、寒いときなんかに毛が立ってる状態。だから、サブイボっていうんだろうけど、人間はカラダに毛がないから、毛の付け根がブツブツと盛り上がって目立ってみえるわけ。

だから、鳥肌ってのは、まず寒くて毛が立ってる状態ってこと。そういう意味では、おいら達イヌも、全身をスキンヘッド状態にすれば、寒いときにはサブイボが立つんだろうね、きっと。

進化の過程をさかのぼれば、イヌも人間もそんなに変わんない。この毛が立ったり、寝たりするシステムは、人間とおいら達イヌとの共通の祖先が本来持ち合わせていたシステムってことよ。

そもそも毛っていうのは、寒いときと暑いときで立ってたり寝てたりするもの。寒いときは立たせて、空気の層を厚くするんだ。空気ってのは実は熱伝導率ってのが低くて、層を厚くするだけで断熱効果が高まる。だから、寒いときは毛を立たせて断熱材を厚くする。逆に暑いときは寝かせて、カラダの熱を逃げやすくするってわけ。

おいら達の仲間には、たとえば柴犬なんかがそうだけど、2枚毛っていって、内側の毛と外側の毛をもってるやつが少なくない。**寒い時期には内側の毛を豊富にして断熱効果を高めて、暑いときにはその毛をなくして放熱効果を高める**。

ただ、現在の人間と生活してるイヌは、北海道犬や、みた目がどでかいスピッツのサモエドなどの極寒地方で暮らしてる仲間以外、寒いときに毛が立つシステムはほとんど目立たない。

ところで、この鳥肌が立つのは寒いときだけじゃない。人間は感動したときや緊張、興奮したときも鳥肌が立つだろ。

おいら達も似たようなものだけど、ま〜なんていうか、**イヌは感動っていう複雑な感情は持ち合わせてないんで、鳥肌が立つ、すなわち毛を立たせるのはもっぱら緊張や興奮したとき**だ。立たせるのは背中の毛。

弟分の鉄なんか、しょっちゅう立たせてるぞ。**はじめて会った仲間と遊ぼうとしたり、警戒して相手に吠えたりしてるときなんかに毛が立ってる。**代表は仲間と遊ぼうとしてるときはほっとくけど、警戒してるときは相手に慣らすようにしてる。

そうそう、同居猫の「こにゃ」なんかも、おいらと鉄に対して、よく毛を立てる。しっぽの毛も立ててるぞ。そんなときは、しっぽが2倍くらいの太さに膨らむんだ。これは、柴犬なんかにもときどきいるな。鉄も少し膨らむぞ。

寒いときに毛を膨らませたり、感情の表出の手段として毛を立たせたりするのは、鳥もやってるらしい。これって、鳥類とほ乳類の共通の祖先がもってるシステムなのかね？

どうなんですか、ダーウィン先生？

フケば飛びます、フケですもの

黒い毛で短毛の仲間の飼い主さんに、よく代表が聞かれてる。「なんか背中に白いコナが吹き出てるんですけど……」って。

それって、フケですよ。

人間のフケの原因は、ストレスってよくいわれてるらしいけどね。ストレスがフケの要因である皮脂を増やしたり、ストレスで免疫力が下がってフケをもたらす細菌が増えてしまうかららしい。

人間の場合は、もっぱら日々のストレスの積み重ねがフケの原因ってことだ。

でも、おいら達イヌの場合は、いまのいままでなかったのに、気がつくとフケだらけっていう、とても短い時間単位で発生する。

これは毛を立たせることと関係があるらしい。

緊張や興奮をすると、交感神経の働きで立毛筋ってやつが収縮して毛が立つ。**イヌの毛は普段は寝てる。実はそもそも、その毛の下にすでにフケは存在していて、毛が立つと、それが出てきちまう。**どうやらそういうことらしい。毛で蓋をされてたフケが、「どうもです。蓋が開いたんで遠慮なく出てきました」ってことさ。

フケがわかりやすいのは短毛種で、長毛種はわかりにくい。長毛種も緊張や興奮をすれば、毛の根元は立つんだろうけど、毛が長いからちょっと先端のほうへいくと寝たきりなんだろうね。フケも蓋が開いたんで、「では失礼」って表に出られるかと思ったら、毛の長い仲間の場合は、そこはまだヤブの中で、結局外に出られなかった、なんてわけだ。

ストレスが強くかかると、フケが出る。

え、うちは短毛だけど気づかないなぁって？　そりゃあなた、毛色が黒以外の場合は、わかりにくいだけですよ。黒いスーツを着てる人間のフケが目立つのと同じだ。黒いイヌ以外はフケが出ても、目立たない、気づかないってだけ。おいらの弟分の鉄は、そりゃ何かっていうと、背中の毛を立てるけど、フケには気づかないもんね。

ちなみに、脱毛が目立つイヌもいる。人間の場合は、これまた日々のストレスが脱毛の要因なんていわれてるけど、おいら達のはフケ同様に短時間で起きる。

人間の場合には、「ストレス→交感神経支配→血行不良→毛母細胞に栄養がまわらない→抜け毛、毛が細くなる」ってメカニズムがあるらしい。

一方、おいら達の場合は立毛筋の収縮と関係があるんだろうね、きっと。

ほかには、これはおいらの想像だけど、おいら達イヌも人間も、緊張したり、ストレス状態に陥ったりすると、カラダが震えるではないの。あれって、カラダが硬直しちゃってるわけよ。

おそらく硬直してるってのは、毛細血管なんかがきゅって締まっちゃって、末梢神経もな～んら信号の行き来ができないふうになっちまう。皮膚もきゅって締まっちゃって、はがれかけの角質が落ちる。毛根もきゅって締まるんで、抜けそうな毛がぱらって落ちちゃう。

どう、この仮説。けっこういい線いってると思うんだけどね。

息づかいに気づかいします

知ってるかい？　おいら達が仲間や人間たちの息づかいに敏感なことを。

代表は、しつけのまず最初に、おいら達をリラックスさせるマッサージをアドバイスしてる。そのときに、飼い主さんたちに必ず伝える注意点が、「息はとめない！」、「腹式呼吸でゆっくり吸ってゆっくり吐く！」ってことだ。

マッサージに慣れてないと、飼い主たちはそれに集中しちまう。そんなとき、人間ってやつは息をとめたりするもんさ。だけど、**イヌは飼い主に息をとめられると緊張する**。おいら達は他者の息づかいにものすごく敏感なんだ。なぜかっていうと、これ、生死にかかわる問題だからだ。

まず、襲われるときのことを考えてみてよ。襲ってくる相手は息をとめてくるんだぜ。人間だって同じこと。力を集中させるときには息をとめる。ピッチャーがボールを投げる瞬間だって、バッターがボールを打つ瞬間だって、そのときは息がとまってる。

おいら達はもはや野生の存在じゃないけどね。でも、**相手が息をとめるっていう状態になると、リラックスしてる場合じゃないっていう野生の本能が働く**のさ。

相手を襲う立場でも、狙った相手の息づかいってのが重要になる。襲ってはみたけれど、逃げられましたってのは困るだろ？

で、なるべく仕留めやすい相手を狙うわけよ。仕留めやすさは息づかいでわかる。幼い個体、弱ってる個体ってのが、仕留めやすいわけだけど、そういった個体の呼吸は浅くて早いものなのさ。

もちろん、おいら達は野生じゃないから、獲物を仕留めるなんてことを考えてるわけじゃない。だけど、そういった本能が顔を出しちまうのかなって思える事件がときどきある。イヌが人間に噛みついちまうやつさ。

実は、噛まれるのは子どもと老人が多いっていわれてる。子どもや老人ってのは、息づかいで、幼い個体、弱ってる個体ってのが、わかっちまうってことさ。

そうそう、代表の知り合いで、よそでは注射も採血もさせないっていうイヌでも、自分のところならOKっていう獣医さんがいる。その秘訣は何かって代表が聞いたら、「**息をとめないこと**」なんだって。

でも、これは簡単そうで、修行がいるぞ。注射や採血をするときは、普通人間は息をとめちゃう。そりゃ、そうだわな。ためしにお裁縫の針に糸をとおしてご覧ってことよ。絶対、息をとめまっせ。

「**息をとめない**」**ってのは、イヌをリラックスさせる秘訣**。イヌと仲良くなりたいのなら、ぜひとも忘れないことだ。いろんな場面で使えるぞ、絶対。

第2章

イヌにできること、できないこと

脳が同じ？　脳が違う？

おいら達イヌの脳、とくに人間との共通点や違いを知ることは、イヌに何かを教えていくうえで、非常に重要なことだぞ。

おいら達イヌも人間もほ乳類、もっと広いくくりでいえば脊椎《せきつい》動物だ。脊椎動物ってのは、前方部分（おおかた目のあるほう）に脳が存在する。小脳や大脳ももってる。大脳は、脊椎に近いほうから「は虫類脳」、「旧ほ乳類脳」、「新ほ乳類脳」と、階層をつくってるのも同じだ。

これは、脊椎から次々と新しい階層が覆い被さるように、人間も含めてほ乳類の脳が進化してきたからだ。

んなわけで、**脳の基本的なメカニズムは、ネズミもおいら達イヌも猿も人間もま〜ったく変わんない**っちゅうことよ。で、行動の記憶・学習にかかわるところは、この基本メカニズムの部分だから、それも同じなんだ。難しい話をしちゃうと、その部分の脳の重要な部位は海馬《かいば》で、それに深くかかわるのが情動をつかさどる扁桃《へんとう》っていう部位。もちろん、ネズミもおいら達イヌも猿も人間もみんなもってるのさ。

それだけでなく、モチベーション（やる気）にかかわる側坐核《そくざかく》って部位も、ドーパミン神経回路ってやつもみんなもってる。

たとえば、**情動を刺激して、やる気にさせると、記憶が高まる。反復練習を行うことで学習が進む。結果的にいいことが起きた行動の頻度を高める。こうした学習のプロセスは、イヌも人間も変わりがない。**

でもね、違いもあるぞ。人間だけがほかの動物と比較して、大脳新皮質《だいのうしんひしつ》の量が圧倒的に多いんだ。大脳に占める前頭葉の比率も違う。たとえば、人間の前頭葉の量は大脳の3分の1を占める。チンパンジーは大脳の10パーセント程度。おいら達イヌは7パーセントくらいらしい。

こうした違いによって、人間だけが抽象的な事柄を理解できるってわけよ。人間は言葉を操り、数を理解し、時間という概念や善悪ってものがわかる。それは、おいら達イヌには脳的に無理って話。イヌは言葉を操れず、数を理解できず、時間という概念も持ち得ない。だから、**イヌに言葉で何かを教えようとしても、まったく無駄ってこと**。

昨日のことを持ち出しても、明日のために頑張らせようとしても、まったく無意味だからね。おいら達イヌは、その場にいて体験したことだけを記憶・学習するってことさ。

まずは、おいら達と人間たちの脳の共通点、差異点を理解する。これがイヌを飼って、後々に「Ｏｈ！　Ｎｏ！」ってならない秘訣。わかってくれた？

飼い主の気持ち、イヌ知らず

「イヌは人間の言葉を人間のようには理解しないよ」って、代表はよく飼い主にいってる。だけど、その昔、「イヌが人間の言葉を200語理解した」、「イヌにも言語能力があるのでは?」っていうドイツの研究発表もあった。

さて、真実はどっちなんだろう?

実はこれ、言語の理解に対する定義にズレがあるから、議論がかみ合ってないんだ。代表はこれをどのように説明したら、飼い主に理解してもらえるかっていつも考えてるんだけど、この前に読んだ本に、とってもいい説明が出てたんだって。

その本ってのは、池谷裕二先生っていう脳の研究をしてる人の対談本『和解する脳』(講談社、2010年刊)。代表は、動物の行動の大部分は脳の働きによるものだから、結局はおいら達イヌの行動も脳のことがわかれば理解できるはずって考えてる。

人間とほかの動物の言語理解の決定的な違いは「再帰」っていうものらしい。

とてもわかりやすい説明だったから、そのまま引用させてもらおう。

再帰とはたとえば、「タロウ君は、ジロウ君がハナコちゃんがお人形遊びをするのを邪魔したことをいけないと叱った」――。

（中略）

そう、タロウ君が叱って、ジロウ君は邪魔したんです。ハナコちゃんはお人形遊びをしてたわけですね。主語をA、述語をBとすると、今の文章は「A（A'（A"B"）B'）B」の形になってるのがわかります。

（中略）

重要なことは、外側の大きなAとBの中が「入れ子」構造になっていることです。これを再帰と言います。再帰ができるのは人間だけです。

（中略）

再帰のないものは、言語ではない。たとえば小鳥やイヌの鳴き声、サルの鳴き声でもイルカの交信でも何でもいいんですが、一見言語っぽく見えるものがなぜ

再帰の例

A（A'（A"B"）B'）B

A= タロウ君
A'= ジロウ君
A"= ハナコちゃん
B"= お人形遊びをする
B'= 邪魔した
B= 叱った

言語でないかというと、再帰ができないからなんです。

どう、わかったかな？

さらに、この**再帰ができるかどうかは、他人の視点に立てるかどうかに関係してる**んだってさ。

これは、誤信念課題っていうテストで調べられるんだけど、人間の場合3歳くらいまでは難しくて、人間以外の動物では答えられない。その理由は言語を獲得できてないから。すなわち、再帰ができないからってことみたいだ。

「イヌは嫌がらせなんてしませんよ」って、よく代表はいうんだけど、これも再帰ができないってことで説明できる。だって、嫌がらせって、「私は、飼い主が困っている、のがうれしい」ってことだろ。

これって、さっきの主語をA、述語をBとすると、「私」A（飼い主A'、困っB'

ている）うれしい」B っていう、すなわち「A（A'B'）B」の形、「入れ子」構造、再帰になってるものね。

冒頭のドイツの研究で200語理解したってのは、あくまで合図や号令がわかったってだけ。結局のところ、イヌは再帰ができないんだから、人間のようには言語を理解できないってこと。

飼い主が何をしゃべってるかなんて、イヌにはとにかくちんぷんかんぷん。そういうことなのさ。

えっ、名前？　なんすかそれ

おいらは名前を呼ばれると、振り返ったり、代表のそばに行ったりする。これをみて、ほとんどの人は「ダップは自分の名前がわかってる」って考えちまうようだ。でも、おいらは自分の名前がわかってるわけじゃないぞ。

おいらは、代表と暮らしはじめてからいままでずっと、「ダップと呼ばれる↓代表に注目する（あるいは代表のそばに行く）↓いいことが起きる」っていう流れを体験してる。

おいらにかぎらず、**多くの動物は、「先行刺激」↓「行動」↓「いいことが起きる」といった流れの体験を繰り返すと、いいことが起きるのでその行動の頻度を高める**。やがては「先行刺激」を感じ取ると、その「行動」**をすぐにとるようになる**んだ。

これ、学習心理学で三項随伴性《さんこうずいはんせい》っていわれていて、実験すれば必ずそうなる。海外ではABC理論なんていわれてるらしい。AはAntecedentで先行刺激、BはBehaviorで行動、CはConsequenceで結果ってこと。

さっきの名前を呼ばれると注目するっていう流れは、「ダップ」は先行刺激、「飼い主をみる」は行動、「いいことが起きる」は結果になるだろ。まさにこの三項随伴性（ABC理論）にドンピシャはまるってわけさ。

でも、「ダップっていう音節が自分を意味するって認識がおいらにあるか」って問われると、難しいところだ。

おいらは、「フードがもらえる行動は何か」、「その行動を起こすべき状況」、「先行刺激は何か」を理解・記憶したにすぎないんだな。

そもそも、すべてのものに名前をつけるのは人間だけだ。それは言葉を操れるからで、おいら達にはできない。だからといって、人間が高等だっていうんじゃないぞ。名前をつけるのが人間には生きるうえで必要なだけさ。ほかの動物たちには、そんなもの必要ないからね。人間って不便な動物だってこと。

さて、ここで問題。

人間は子どもをその「名前」で呼んで叱るけど、おいら達イヌにもそれを行うべきだろうか。

さっきのように、「名前を呼ぶと振り返るようになる」という流れに当てはめてみようか。

名前で叱るってのは、「ダップ＝先行刺激」→「飼い主をみる（あるいは飼い主のそばへ来る）＝行動」→「嫌なことが起きる＝結果」となっちまうぞ。**動物は嫌なことが起きた行動はとらなくなるから、名前で叱るってことは飼い主をみなくなるように、あるいはそばに来なくなるように教えてるのと同じ**ことだ。

それだけじゃない。おいら達は嫌なことがなくなる行動の頻度も高める。

もし「名前＝先行刺激」↓「飼い主から逃げる＝行動」↓「嫌なことがなくなる＝結果」って流れを繰り返し体験すると、おいら達は「名前」っていう「先行刺激」を感じ取って、飼い主から逃げるっていうことを学習しちまう。

「イヌを名前で叱ってはいけない！」って代表はよくいってるけど、その理由はこういうことなのさ。

できないってもんよ、反省も後悔も

ショックかもしれないが、おいら達は飼い主を喜ばせようとして、行動を起こしたりはしない。

そんな行動を起こすってことは、「私は、飼い主が喜んでいる、のがうれしい」ってことになるだろ。これは、さっきの主語をA、述語をBとすると、「A（A'B'）B」の形になってる。まさに、おいら達にはできない再帰ってやつだ。

じゃあ、おいら達イヌが飼い主を喜ばせるために行動してるようにみえるのはなぜか？

実は、**イヌは自分自身にいいことが起きる行動をとってるだけ**にすぎない。**結果的に、それが飼い主を喜ばせてる行動のこともある**ってわけ。ただそれだけだ。

たとえば、人間だったら、相手の喜ぶ顔がみたいから、見返りを期待せずに、自分が損をしてでもプレゼントをするってことがある。でも、**イヌは自分たちにとって損になるようなことはしない**のさ。

必ず、自分たちにとって「いいことが起きる」何かをするってわけ。

おいら達と飼い主との関係においては、飼い主が喜ぶことをするとほめてくれるっていう「いいことが起きる」。フードをくれたり、なでてくれたり、抱いてくれたり、ね。

でもこれって、前提としてなでられたり、抱かれたりするのが好きかどうかが問題だ。なでられたり、抱かれたりするのが嫌いな仲間には、ちっともいいことじゃない。だから、飼い主が喜んでるかどうかは関係ない。「いい子ね」って声をかけてくれるのも同じだ。その後にいつも何が起きていたかによって、気持ちは変わるものさ。「いい子ね」って声をかけられて、いつもそのあとで大好きなフードをもらえれば、声をかけられるとうれしくなる。

え、とっても利己的だって？

そう、**イヌはとっても利己的で、現実的**なんだ。人間たちのように、**幻想なんてのも抱かない**。というよりも、抱けない。

おいら達からすれば、人間ほど不思議なものはない。だって、お札っていうただの紙切れをありがたがってる。おいら達にとっては、福沢なんとか夏目なんとかって人間の顔が描いてある紙もティッシュと同じ。共通してるのは、ビリビリにすると楽しいってことさ。

そもそも、おいら達は抽象的な概念をそうは理解できない。現実に存在するものを理解する脳力はあるけど、存在しないものに対する概念なんか理解できない。だから、**イヌには未来もないし、過去もない**。だから、**反省もしないし、後悔もしない**のさ。

「でも、うちの子は叱ると、反省しているみたいだぞ」とか、いってる飼い主さん。反省してるなら、次から同じことはやらないぞ。同じことをやるってのは、すなわち反省なんてしてないってことさ。

叱られてるとき、おいら達にはこわいことが起きてるから、しっぽを丸めて、耳を倒して、カラダを低くして、それからただ逃れようとしてるだけ。そういうことなんだぜ、ホントのところは。

数ってのも、わからんので……

人間以外の動物には、数ってのが理解できない。それは抽象的な概念だからさ。もちろん、チンパンジーなんかは、国家予算を注ぎ込んで教育すると、1ケタの数はわかるようになるらしい。わかるといっても、その理解は人間とは違う。

チンパンジーが理解できるのは、目の前の画面に映し出されてる星の数と、その数を表す記号としての数字の一致だ。そう、抽象的ってよりも、ただ現実に目の前にある記号が、どの記号と関係してるかってのがわかるだけさ。

さっき話した池谷先生によると、これにも再帰ってのが関係してるんだって。チンパンジーは、「1、2、3、4……」っていう数字を独立した記号と考えていて、連続したものとは捉えられないそうだ。

この**「1、2、3、4……」っていう数字を連続したものと理解するには、再帰ができないといけないんだ。人間は3の次に4が来るっていうふうに考えられるけど、チンパンジーにとって3は3だし、4は4としか考えられない。**

そうそう、養老孟司先生っていう有名な解剖学者は、動物は絶対的なものの見方しかできないっていってる。相対的なものの捉え方っていうのは「〜からみて」って考えることなんだけど、おいら達イヌにはこれができないんだ。

この相対的なものの捉え方ってのも、再帰ってのに関係してる。

数字の話に戻れば、4は「3からみて」1多い。これがわからないと、数字が連続したものであると理解できないし、人間たちにはわかる抽象的なある概念が理解できないってことになるらしい。

人間は数字を連続的なものと理解する。すると、やがてあることに気づくらしい。数字には終わりがないことをだ。おいらにはよくわからないけど、これって「無限」というんだろ？

で、「無限」がわかることではじめて、「有限」ってのに思いがおよぶらしい。そうなると、目の前にはありあまるほどのものがあっても、目の前にないものにまで考えをはせちゃって、そのすべてが世界からやがてなくなっちゃうんじゃないかって、不安になっちゃうらしい。で、人間は不必要な争いごとや奪い合いをはじめちまうんだって。

おいら達だって奪い合いはするけど、それは目の前にあるものにかぎられる。それだって十分にあれば、奪い合いなんてしないぞ。お腹が満たされれば、それ以上の獲物を得ようなんて考えないしね。

考えれば考えるほど、人間って面倒でやっかいな動物だ。お気の毒さまって感じだな。

死をおそれない理由

イヌは時間の概念をもってない。時間ってのは、つねに連続していて、相対的なものだからだ。

時間の概念は、3歳以下の人間もよくわかんないらしいぞ。まだ脳が十分に発達してないからな。だから、彼らは未来のことを考えない。

さらに彼らは、**目の前にあるもの以外のものに対して、有限、すなわち「限り有る」ってこともわからない**。それは、**自分という存在が有限、命が「限り有る」ってのがわからない**ってことだ。

3歳以下の子どもたちは、未来のことも考えないし、有限という概念も理解できない。すなわち、死を理解できないんだ。

死ぬことがわからないから、死をおそれることもない。実際、そうした子どもたちの医療にたずさわるお医者さんや、心理学者たちが同じことをいってる。

そう、おいら達イヌも同じだ。イヌには、死ぬってことがわからない。だから、死をおそれることはないんだ。

人間たちはよく、動物の死を目の当たりにして、「死をおそれない、なんて崇高なんだ」って感動するらしい。だけど、単純においら達イヌには死ってものがよくわかってないだけなのさ。

さらに、ケガや病気のときに、「弱さを決してみせない、なんて精神力の強さだ」って感動するみたいだけど、人間の社会以外では、福祉も弱者救済もないからね。**弱ってるところをみせることは、捕食者たちに襲われやすいことを意味する。**いいことは何も起きないし、不利益のみをもたらすだけなのさ。

人間の場合だったら、弱ってるところをみせると、「大丈夫？　今日はもういいよ。帰って休みな」なんていう利益が得られるけどね。

10歳で天国に行っちまったプー兄貴は、1歳半のころにアジソン病って病気になっちまって、その後いろんな病気に見舞われたんだ。晩年は入退院を繰り返してたけど、最後に入院するときは、しっかりとその足で歩いてた。夜に入院したんだけど、翌朝病院のスタッフがみに行ったときには、心肺停止状態だったそうだ。

プー兄貴は、自分の弱みをみせることなく最後を迎えたってことさ。未来のことも死も考えない。その瞬間その瞬間、精一杯生きてる。それがおいら達。

そうそう、**弱みをみせないから、飼い主が気づいたときには、病気がけっこう進行してる**ってこともあるんだぜ。だから、「**日々の観察や定期的な健康診断は忘れずに！**」ってことさ。頼むぜぃ！

えっ？　いたずら？　いつどこで？

代表は幼少のみぎり、いたずらをしてしょっちゅう叱られてたんだってさ。代表曰く、いたずらってのは、そもそも大人が怒るような行動をみつからないようにやること。そこに一種のスリルを感じ、成功するとそれが楽しいことになるらしい。

人間はスリルを感じることで快感を得る。ジェットコースターとかいう乗り物も好きらしいし、ホラー映画なんてのもみるってんだからな。

そのときの人間の脳の働きは、年齢を重ねるほどに衰えてくるんだって。たしかに、代表はもうジェットコースターなんて乗りたいとは思ってもないみたいだもの。もはやオヤジの証だ。

しかしながらですね、おいら達はこのスリルを楽しむってことをしない。

だから、それを楽しむために、いたずらをするってこともない。

じゃあ、なんでいたずらをするかだって？

それは、人間にとってはいたずらかもしれないけど、おいら達にとっては自然な行動だってこと。叱られるなんて思ってもないのさ。叱られても、ほとんどその理由がわからない。おいら達には人間の言葉なんてわからないんだから。

叱るってのは、その理由を言葉で伝えてる。人間の言葉がわからないおいら達イヌには、どう転んでも叱った理由は伝わらないのさ！

代表は子どものころ、よくお母さんに大きな声で「ブンジ！　ちょっときなさい！」って呼ばれたんだって。そのとき、代表は「これは叱られるな、あれがみつかったのかな、いやあれかな、それともあれか？」って、思い当たるふしがたくさんあるから、いろいろ考えたってさ。

でも、お母さんは「先週の木曜日に学校の帰り……」って、ちゃんとその叱る原因を教えてくれたって。

しかし、おいら達イヌにそんなことは通用しない。「先週の木曜日……」っていわれても、言葉も時間もわかんないんだから。

もちろん、イヌだって嫌な目には遭いたくない。仕方がないから、自分で考える。おいら達が考える嫌な目に遭った理由と、飼い主が考える嫌な目に遭わせた理由は、そのほとんどが一致しない。

だから、いつまで経っても、叱られた行動をやめないってことなのさ。

それと、**叱られた理由がたまたま伝わったとしても、イヌが理解したのは、その行動をするとひどい目に遭うということだけ。どうしたらいいかなんてことはわからない**ってことだ。

それにしても、子どものころの代表ってのはひどいもんだったんだな。まったくもうだ！

叱られる前にことを納めるには……

いたずらはみつからなければ叱られない。だから、人間の子どもってのは、いたずらがみつからないように、あれやこれやと知恵を使う。

大人だって同じだぞ。代表の知り合いが、ネズミ捕りってやつで捕まったんだって。これに捕まると、おまわりさんって人に叱られる。もちろん、捕まった理由は教えてくれる。そして、次からは制限速度ってやつを守るように、つまり好ましい行動も教えられるのさ。

だけど、その人はスピード違反をしなくなったわけじゃない。ネズミ捕りに捕まらないように、レーダーとかいうのをクルマにつけちゃったんだ。

まったく人間ってやつは困った生き物だ。言葉もわかって、善悪も理解できるのにな。叱られても直りゃしないんだから。

おいら達イヌはこんなに悪質じゃない。だけど、**叱られないように、ことを成功させようとする**心理は同じだ。とくに、**その行動から得られるベネフィット＝利益が高い場合**にはね。

たとえば、ゴミ箱をあさるイヌを叱ってると、飼い主の目を盗んでゴミ箱をあさるようになっちまうってわけさ。叱れば叱るほど巧妙になる。

代表の初代のパートナー、プー兄貴は代表がインストラクターになるための修行中から飼ってたイヌだから、かわいそうに、いまとは違ってそこそこ叱られてたんだって。

よく叱られてたのが、テーブルに足をかける行為。ま、食べ物にありつこうと狙ってるわけよ。

あるとき、代表が庭でバーベキューの用意をしていて、「あ、塩がない」って思って、家の中に塩をとりに行ったんだ。10秒くらいして代表が戻ってきて、バーベキューの準備を再開したら、何か変。さっきと代表の目に映る景色が違う。その違いに気づくまで、数秒。あ、サラの上にきれいにのってた2人前のタン塩がきれいにサラっとない。

とっさに代表がプー兄貴の顔をみると、プー兄貴はあさっての方向を向いて、何ごともなかったかのように知らん顔をしてたんだってさ。

どうだい、わかってくれたかい。**叱るってのは、とくにイヌの場合、なかなか飼い主の思惑どおりにはことが運ばない**ことをさ。

じゃあ、どうしたらいいのかって？

たとえば、バーベキューの用意のとき。まずは、イヌをキャリーケースに入れるようにする。そして、一方で飼い主がその場からいなくなっても維持できるフセ・マテを、しっかりと教えるんだ。

このフセ・マテが完璧にできるようになれば、バーベキューの用意中も、キャリーケースからイヌを出しておける。

それで問題解決ってもんよ。

イヌを飼うと頭がよくなる？

川島隆太先生って知ってる？　ある行動や思考をしてるとき、脳のどの部分が働いてるかってことを目にみえる形で示す、ブレインイメージング研究における日本の第一人者だ。

脳の研究成果を教育や老人福祉の分野で活用しようと広く活動を行ってる先生で、ニンテンドーＤＳソフトの監修なんかでも有名だぞ。

代表はおいらが生まれる前に、川島先生と会ったことがあるんだって。ペットと触れ合ってるときに、人間の脳（前頭前野）がどうなってるかっていう実験の手伝いをしたからだ。

動物と触れ合うと「癒される」って人が多い。だけど、川島先生によると、たとえば温泉などに行って「癒された」ってのは、「脳が活動してない状態」

をいうそうだ。

動物を飼うことは癒しになる、子どもたちの情操教育にもいいってこともよくいわれる。教育にいいってことは、川島先生の話では絶対に「脳が活性化してる状態」らしい。脳の状態は、温泉に行って癒されるのとは明らかに違うはずだって。

動物との触れ合いは「脳が活動してない状態」なのか、それとも「脳が活性化してる状態」なのか？

それを確かめるってのが、実験の目的だった。

実験は脳に近赤外線を当てる光トポグラフィーっていう装置を使ったそうだ。実験される人が椅子に腰掛けたまま簡単な作業を行える、当時としては唯一といっていいくらいの装置だったらしい。

実験されるのは研究室の4名。それぞれがイヌ、猫、ぬいぐるみ、ペットボトルを触り、そのときの脳の前の部分（前頭前野）の活性状態をみた。

イヌと猫は代表が連れていったプー兄貴とチビコ先輩だ。

その結果はっていうと、ぬいぐるみ、ペットボトルに対しては、それぞれの脳の変化はほとんどなかった。だけど、プー兄貴に対しては**全員が前頭前野の活性化を確認できた**んだ。チビコ先輩に関しては微妙なところで、猫に対する好き嫌いが前頭前野の活性化にはっきり出るんじゃないかって、川島先生はいってたらしい。

脳の前頭前野が活性化する状態は、いま話題の百マス計算など比較的単純な問題を解いてる状態とも同じなんだって。であればだよ、**好きなペットとの触れ合いは、「子どもたちを賢くする」ってこと**さ！

余談になるけど、実はこのとき代表は、プー兄貴の脳の状態もみられるかもってひそかに期待してた。だから、川島先生に、光トポグラフィーをプー兄貴につけられないかって聞いてみたんだと。すると、川島先生はあっさり「つけられます」って。「え、ほんと？」って、代表は興奮して「ぜひ!」ってお願いしようとしたら、「ただ、イヌは毛が密集しているので、頭の前の部分の毛全部剃りますけど、いいですか?」だってさ。いうまでもない、代表は「それは……」ってなって、史上初の実験はお蔵入りになったのさ。

おっと、話を戻そう。

代表はこの実験の日から、**好きな動物を飼うことは子どもたちの教育上好ましい**と、それまでなんとなくイメージしてたことを確信に変えたそうだ。

お父様、お母様がた、**子どもたちの成績を上げたいなら、そしてその子がイヌ好きなら、イヌを飼うこと**だ! 成績アップ間違いなしだぞ(保証はしませんけど……ね)!

幸せホルモン増やします

オキシトシンって聞いたことあるかい？

幸せホルモンとか愛情ホルモンっていわれてる体内物質だ。飼ってるイヌとの関係が良好な飼い主には、このホルモンがたくさん出てるってことが、麻布大学の最近の研究調査でわかったんだ。

どんな調査をしたかっていうと、まず飼い主にアンケートに答えてもらう。そのアンケートから、その飼い主と飼ってるイヌとの関係が、良好なのか、問題を抱えてるのかがわかるんだ。

次に、その飼い主とイヌに30分の触れ合いをしてもらって、その前後でオキシトシンの量がどれだけ増えてるかをみたのさ。オキシトシンの量はおしっこを調べるとわかる。

協力した飼い主とイヌは55組。この55人の飼い主のなかに、顕著にオキシトシンが増えてる人たちがいたんだ。どんな飼い主たちかっていうと、イヌとの関係が良好な人たちだった。

で、もうひとつ、「なんということでしょう！」的な発見もあったんだ。**オキシトシンの量の上昇は、イヌが飼い主にアイコンタクトをとってる時間と相関関係があったん**だ。つまり、おいら達がいつも視線を送ってる飼い主は幸せ度が高いってこと。

おいらも鉄も、いっつも代表をみちゃう。代表もオキシトシンが出てるんだろうな、けっこう。実は、おいら達のオキシトシンもきっと高まってるに違いないぜ、メイビー。だって、おいらも鉄も幸せな感じがするもん。

それもそのはず、アニマルセラピーの世界でもオキシトシンの研究がされていて、そのデータによると、**好ましいイヌたちとの触れ合いのあとには、人間のみならずイヌのオキシトシンの量も上昇する**ってことが確認されてる。

ってことは、イヌと暮らして幸せ感をたくさん味わうためには、おいら達がいつも飼い主をみちゃうように育てるってことだ。

問題は、どうすれば、そうしたイヌに育てられるのかってことだね。そんなに難しくはないぞ。仲良く暮らすための適切なしつけのトレーニングをすればいいんだから。

適切ってのは、「**好ましい行動をとった結果いいことを起こす**」って**いう学習パターンを主軸にしたトレーニングを積む**ってこと。服従させようとしたり、力ずくで何かをさせようとするのはNGだぞ。

ちなみに代表の教室は、アイコンタクトにはじまり、アイコンタクトに終わるって感じ。マテは飼い主へのアイコンタクトの持続、引っ張らないで歩くのも飼い主へのアイコンタクトの持続って教えてる。自発的にアイコンタクトを高めるトレーニングも指導する。

まじめにカリキュラムをこなしてる飼い主はすぐわかる。だって、レッスン中、イヌがずっと飼い主をみるようになっちまうんだもん。**飼い主をみちゃうってことは、よそ見をしないってこと。結果、何かに吠えるってこともなくなる。いつも飼い主のそばにいるからいたずらも減っていく**。つねに、飼い主のいうことに耳を傾ける用意ができてるから、飼い主の要求にもすぐに従う。

まぁ、そんなイヌと暮らしていれば、飼い主も幸せに決まってるわな。

みえるもの、みえないもの

おいら達イヌが目の前に落ちてるフードに気づかない。そんな場面に出くわしたことはないかい？

いっとくけど、おいら達が間抜けなわけじゃないぞ。イヌには、それが本当にそこにあるってことがわからないだけなんだ。

理由はいくつかある。

まずは焦点距離の問題。

おいら達イヌの目の水晶体は人間の2倍もの厚さがある。その結果、遠くのものはなんとなくぼやける。かといって、近ければよくみえるってわけでもない。ピントの調節機能が人間ほど優れてないから、70センチ以内にあるものにはピントを合わせにくいんだ。そう、目の前にあればあるで、ぼやけてみえるってことさ。

おいらなんて、鼻の頭に葉っぱとかゴミとかがついていても、気づかないことがある。そんなときは、代表が教えてくれてとってくれる。何度もいうけど、間抜けなわけじゃないんだからな。

次に、色に対する識別能力だ。人間たちは赤、青、緑の3つの色に反応する視神経と、それを認知する能力をもってるけど、おいら達イヌは違う。イヌは、橙と青の2色に反応する視神経や認知能力しかもってない。ちなみに、多くのほ乳類は、この2原色しか認知できないっていわれてるんだ。

代表曰く、パソコンの液晶表示ってのは、RGBすなわち赤、緑、青のそれぞれの色が256の階調で表示できて、その組み合わせで色をつくれる。つまり、256×256×256=16,777,216の色が再現できるってわけだ。みるほうも同じ原理で色を識別できるらしい。

ところがおいら達は、橙と青で表示してる液晶と同じ。たとえば256階調で認知できたとしても、256 × 256=65,536 の色しか識別できない。人間と比べると、それだけ色の識別能力が低いわけだ。

しかも橙ってのは、3原色だと赤と緑が混ざった状態。これって、おいら達には赤と緑の区別がつきにくいってことを意味する。

盲導犬が信号の色の違いがわからないのは知ってると思うけど、その理由もここにある。信号の青は実際は緑だからね。

ってわけで、**イヌにはフードが床や地面の色になじんで識別できなくなることもある**ってことさ。

それと、もうひとつ。イヌは、動くものに対しては人間以上の視覚認知ができるけど、とまってるものに対する視覚認知が悪い。

さらに、イヌって鼻の長いやつが多いだろ。これってボンネットが長いクルマと同じだ。人間の顔はのっぺりしてるけど、これはワンボックスカーと同じようなものだな。

ボンネットが長いクルマとワンボックスカー。どっちの死角が多いか。考えるまでもないだろ。

そう、**イヌは前方向に対して、人間よりも死角をたくさんもってる**ってわけ。だから、**何かが目の前にあっても見失っちまうってことがある**のさ。「悪いことは度重なる」じゃないけど、おいら達が目の前のフードに気づかないのには、こうした度重なる理由ってのがあったのさ。

「ガハハ」とは笑えません

「笑いの測定装置」ってのを知ってるかい？

関西大学社会学部の教授だった故木村洋二先生のグループが開発した装置だ。で、これが何を計るのかというと、横隔膜の振動だって。

木村先生によれば、「横隔膜は、声や表情で笑っているように装っても振動せず、本当に笑ったときに毎秒2～5個の特徴的な振動波を発生させる」んだって。

なるほど、笑いの定義は「横隔膜の振動」にあったんだ。たしかに『チキチキマシン猛レース』って漫画のケンケンとかいうイヌは、笑いをこらえてるけど、横隔膜の振動は我慢できないから、いつも肩を震わせて笑ってた。とはいえ、ケンケンはマンガのなかのイヌだ。実際のおいら達にはこんな笑い方はできない。

横隔膜を振るわせるような笑いが確認できるのは、子どものゴリラやチンパンジー。でも、大人になるとそうした笑いはしなくなるらしい。大人になってまで笑うのは人間だけだって。

大人になっても笑う。それができるのは、どうやら言葉や道具を操るために必要な、脳の高次機能が備わってるかどうかによるらしい。脳の高次機能は、大脳新皮質や前頭葉が圧倒的に多い人間にしかない機能だ。**イヌが「ガハハ」って笑えない**のも無理もないことなのさ。

さて、たしかにおいら達イヌは「横隔膜を振動」させる笑いはしない。だけど、口のきわを顔の後方上部に引いて、目が優しい感じにはなる。そう、**「にっこりと笑う」ってことはする**んだぜ。

人間はリラックスしていて、ハッピーなときに「にっこりと笑う」。おいら達も同じだ。仲のいい仲間とひと遊びしたあとや、好ましい関係にある飼い主と一緒にいるときなんかに、こんな表情をよくするんだ。

あなたのイヌは、この「にっこりと笑う」表情をよくみせてるかな？

それなら問題なしだ。だけど、そうじゃなければ、あなたのイヌは、あなたといるときに**リラックスしてないってこと。緊張してたり、不安を感じてたり、神経を張り詰めてる可能性があるん**だ。

もっと、リラックスできるように育ててあげることだね。

そのために必要なことは3つ。

ひとつは、**人間社会の様々な刺激に慣らす**。もうひとつは、こういう状況のときはこうすればいいっていう**行動・動作をちゃんと教えてあげる**。

そして最後に、**服従させようなんて考えない**ことだね。

いいしつけ教室に、イヌと一緒に通うのがいちばんの近道だ。

いい教室は笑顔に満ちてるぞ。ときには飼い主が横隔膜を振るわせて笑うこともあるしな。それはそれは楽しいものよ。「ガハハ」ってね！

第3章

その吠え、しぐさ、意味あります

朝方吠える

朝方に吠えてうるさい！　こんな悩みをもつ生徒さんから、代表はときどき相談を受けるんだ。

同じように悩んでる飼い主も多いだろうから、代表が実際に解決した事例をお話ししよう。きっと参考になるはずだからね。

ジャック・ラッセル・テリア、N君の場合。

N君は1歳のころから、朝4時あたりになると、吠えるようになったんだ。そのため、飼い主さんは早朝に起こされるって悩んでた。

相談された代表は、まず飼育環境を聞いてみた。

N君は夜、1階のリビングのキャリーケースで寝ていて、そこは道路に近いところにある。

飼い主たちは、**よくイヌが原因もわからずに吠えることがあるっていうんだけど、そのほとんどは飼い主にはわからない音に反応してる**ことが多いのさ。

そこで、N君の飼い主さんに、その時間になると新聞配達の人がとおるとか、何かしらの音がするとか、そういった心あたりを考えてもらったってわけ。すると、どうもその時間になると、近所の人がイヌを連れて散歩でとおってるってことがわかったんだ。N君はどうやら、その散歩する仲間の足音や鑑札のカチャカチャって音に反応してるに違いない。リビングは家の中で、いちばん音の発生源に近い場所でもあるしね。

原因の察しはついた。あとはその仮説の検証だ。

家の中で、いちばん音の発生源から遠い場所は、2階の飼い主さんの寝室だという。だったら話は簡単。**キャリーケースを寝室にもっていって、そこでイヌを寝かせてみる**。それをやってもらったのさ。

その結果、翌日から、早朝の吠えはなくなったんだって。

ちなみに、このときの吠え方には、ふたつのパターンが考えられるぞ。

ひとつは、仲間との遊びが好きなタイプの場合だ。鑑札の音に興奮して、遊ぼうぜ、こっちに来いよ、僕はここにいるよって吠える。

もう1パターンは、相手を追っ払うケースだ。相手がいなくなるまで連続して吠えてることが多い。

そんなわけで、早朝にイヌが吠えるってお悩みのみなさん。

いま吠えてる部屋からいちばん離れた部屋、それって飼い主の寝室が多いんだけれども、そこで今日から寝かせてみることだ。早朝の何かしらの音で吠えてるのなら、そのほとんどで効果が期待できるぞ。

ウソだと思うなら、やってみなってことよ。

子イヌの夜鳴き

よく飼いはじめの子イヌの夜鳴きに悩まされるっていう飼い主がいる。

おいらや鉄は夜鳴きはしなかったけど、鳴きたい気持ちにはなってたかな。環境はどうであれ、それまで平穏に暮らしてたんだからね。全然知らないおっさんに連れられて、長い時間運ばれて、着いた先は知らない場所。そりゃ～鳴きたくなるってもんよ、誰だって。

おいらは、生まれた家で、生まれたときから一緒だった実の母、そしてその飼い主さん家族たちとず～と一緒だったんだぜ。よく覚えてはないけど、連れて来られたときには、煮たり焼いたりして食われちまうのかって、不安だったと思うぞ。

鉄は愛護センターからもらわれてきたけど、1カ月以上そこで暮らしてたわけだから、そこが自分の家だと思ってたに違いないさ。

まぁ、みんな最初は不安に違いない。

でも、おいらもそうだったけど、子イヌはすぐに眠たくなっちまって眠っちまう。その後、ひと眠りして目を覚ますと、おいらを連れ去ったおっさんが食べ物をくれるわけだ。よく太らせてから食っちまおうって考えてるかなんて、もちろん想像もしないけど、とにかく悪いやつではなさそうだ。遊んでもくれる。楽しい気分になっちまったに違いないね、おいらは。

そんなこんなで数日経つと、ま、いっか、食べ物にもありつけて、ちゃんと眠れて、楽しいってんで、新しい家に慣れちまった。

だけど、ママ〜、ママ〜って感じで鳴くやつだっているぞ。

そんなときに、肝心なのはここだ。

「大丈夫よ、ここが新しい家なのよ」なんて声をかけるのは御法度。そんなことした日にゃ、さあ大変。鳴いた結果、いいことが起きたり、嫌なことがなくなったりした行動を、おいら達は高めるんだからね。

「鳴いたから声をかけた」ってのは、**鳴いた結果いいことが起きた（人が来てかまってくれた）**、**または嫌なことがなくなった（さびしいことから逃れられた）**ってことよ。そう、これって、**鳴くことを学習させることになっちまう**のさ。

ちなみに、代表は過去500頭以上、2カ月齢未満の子イヌを自宅で1週間ほどケアした経験がある。その経験によれば、キューキューっていう軽度の夜鳴きする子イヌは3〜4割、1割程度はギャンギャンってひどい夜鳴きをするんだって。

ひどい夜鳴きをする子イヌは、連れてきたキャリーケースに布を掛け、まわりをみえなくして、代表の寝息が感じられるように、ベッドから手の届く位置で寝かしてあげるんだ。そうすると、多少は鳴くかもしれないけど、その多くは1週間以内に夜鳴きがなくなっちまうそうだ。

四面を囲われただけの**サークルの中に、トイレとベッド、置き場所はリビングなんて飼い方はＮＧ。まわりが素通しで、夜はひとりぼっちが丸わかり。リビングに置いてけぼりにされて、イヌからするとこの先どうなっちまうのって状態**になる。そもそもサークルってのは巣だとは感じにくいわけよ。これじゃあ、ゆっくりと眠ることもできんぞ。

とにもかくにも、将来、激しい要求吠えとか、不安でパニックを起こす分離不安的な吠えとかに悩まされるかどうかは、飼いはじめの1週間の対応次第ってことだ。

何ごとも最初が肝心ってことなのよね。

え、飼いはじめて随分経っていて、いまでも夜鳴きに悩まされてるって？

そんな場合は、悪いことはいわないから、すぐに経験豊富な家庭犬のしつけインストラクターに相談することだ。ほっとくと、もっとひどくなっちまうぞ。知らないからね、そうなっても。

無駄吠え防止の首輪って……

自称イヌに詳しいっていう人間たちはよく、飼い主がやったとはわからないようにする罰、天罰ならイヌに効くなんていうけど、そんな簡単なことじゃない。

たとえば、無駄吠え防止の首輪ってのがあるだろ。センサーが吠え声を感知して、イヌに嫌な何かを起こすっていう装置だ。低周波マッサージ器みたいにジワンとした嫌な電気が流れるやつとか、ブルブルって嫌な振動が起きるやつとか、嫌な臭いが噴射されるやつなんかがある。

こうした道具をためす前に、まず**なんで吠えてるかを見極めてほしい**な。要求吠えのように結果的にいいことが起きるから吠えてるのか、追っ払い吠えのように結果的に嫌なことがなくなるから吠えてるのか。

そもそも、後者を罰で直そうってのは、やめたほうがいいぞ。**嫌なことをなくそうとしてとってる行動に対して、もっと嫌なことを起こす。そうやってその行動を減らすってのは、イヌにすごいストレスがかかる。**

想像してみておくれよ、そういう状況に追い込まれた自分を。

こわいから逃げようとすると、もっとこわいことが起きるってのがそうだ。「敵前逃亡は銃殺刑」ってやつ。これって恐怖そのもの。それでうまくいくやつがいるかもしれないけど、精神的におかしくなるやつもいるぞ。

嫌なことをなくそうとして吠えてる場合は嫌なことに慣らす。たとえば、イヌが苦手な相手を追い払おうとして吠えてたら、その相手をイヌに慣らすってのが平和的な解決方法だ。これはとっても重要だぞ。

さて、無駄吠え防止の首輪をためしてみる価値があるのは、要求吠えなどの、結果的にいいことが起きるから習慣化してる吠えだ。

でもね、やっぱりことはそう簡単に運ばないこともある。そういう道具我慢が最初から効かないってやつがいる。スプレータイプを使ってたら、我慢して吠えまくり、そのスプレーを空にしたって強者もいる。そのあとは何ごともなかったかのように吠えてたってさ。

そう、罰ってのは、ホントに使うのが難しいってことなのよ。

では、どうしたらいいかって？

まずは、吠える状況をつくらないこと。そして、結果的にいいことが起きるからとっている行動には、いいことを起こさない。

たとえば、**飼い主の食事中に吠えるなら、食事中はキャリーケースに入れて、目隠しの布を掛けたりして、飼い主が食事をしてる姿をみせないようにする。**

さらに、**飼い主の食事中は足下で伏せてるとご褒美がもらえるといった、人間にとって好ましい行動を教えればいい**のさ。え、フセができない？

それなら、フセから教えることさ。

鼻を鳴らす

イヌが鼻を鳴らすっていっても、人間が他人を小馬鹿にするときにフンってやるのとは違うぞ。おいらはけっこう得意なんだけどね。口を開けずに、鼻でキューキュー、ピーピー、クークーって鳴く、あれさ。

とくに子イヌ時代は、この鼻鳴きをよくする。っていうか、生まれて間もない、まだワンワンって吠えられない乳児たちなんかはこれしかできない。そう、これは乳児期の本能による鳴きってわけ。

人間の赤ちゃんがオンギャーオンギャーって泣くのは当たり前だろ。あれと同じさ。人間の場合なら、成長するにつれて、そうした泣きはほぼ完全になくなるんだけど、おいら達の場合は学習によって、大人になってもそうした**鼻鳴きが残る場合も少なくない**。

乳児期をすぎてからの鼻鳴きの場合、それをしてるときのイヌって意外と冷静なんだ。まぁ、演技してる状態ともいえるからね。**飼い主に甘えるために、高い声を出して、自分が弱い存在だってことをアピールする。**ゆっくり鳴きながら、飼い主やまわりの反応をみたりする。

ちなみに、おいらは、代表のところにきて何日もしないうちから、この鼻鳴きを学んだぞ。そのころの代表は世田谷ＦＭの番組に月イチで出演してたから、おいらも一緒にラジオ収録のスタジオに出かけてたんだ。

ピーピー、キューキューっていっても、よそでは無視される。だけど、スタジオ内では、代表はおいらを静かにさせたくてフードをよこすのさ。そう、スタジオ内では、鼻鳴きするといいことが起きることを、しっかり学習していったってわけさ。

もちろん、無視されそうなところではやらないぞ。だって無駄じゃない、それって。おいらって賢いだろ。

鏡に吠える

おいらも吠えてたなあ、鉄に。５カ月齢ぐらいのときだったかな？

鏡に反応するのは、おいら達の場合、その成長過程で、必ず一度は起きるってもんさ。

ただ、自分の姿が鏡に映ってるなんて、これっぽっちも思ってない。

おいらは目の前に仲間がいるから、一緒に遊ぼうって誘って吠えてた。

仲間のなかには、目の前に怪しいやつが現れたと思って吠えるやつもいる。

だけど、吠えても何も起きないし、何もなくならない。結果が伴わない行動はやがてとらなくなるっていう、学習理論どおりに、おいら達イヌはやがて鏡に映った自分の姿に無関心になるのさ。

そうなったら、もちろん、もう吠えることはしなくなる。

動物心理学の世界では、鏡の実験ってのを、いろんな動物でやってる。どういった実験をするのかっていうと、カラダに白粉《おしろい》や塗料を塗るんだ。鏡に映った姿が自分とわかれば、カラダについたその白粉や塗料をとろうとするっていうわけさ。

代表は、動物心理学会のシンポジウムでイノシシの実験の映像をみたことがあるんだって。イノシシはテリトリー内に他者が侵入してくると、攻撃するらしい。もし鏡に写った姿を他者と認識してしまえば、鏡に突進して壊してしまう。で、イノシシを檻に入れ、その檻の外に鏡を置く。

果たしてその結果は……。そう、予想どおり、イノシシは鏡に突進した。だけど、相手は逃げるわけでもなく、ず〜っとそこにいる。やがてイノシシは鏡に無関心となり、寝ちまったんだって。もちろん、カラダに塗られたものをとろうともしない。イノシシは鏡に映ってるのが自分だとは思ってないってことさ。

この実験で、カラダに塗られたものをとったのは、チンパンジーなどの霊長類、イルカ、そして象。人間の場合は2歳児だと難しいってさ。そういった意味では、この実験、知能の発達を測る物差しにも使われてる。象はけっこう知能が発達してるってことだな。

おいら達イヌはっていうと、残念ながらこの実験で、いい結果は出せない。鏡に映ってるのが自分だとは認識できないってことさ。

ちなみに、2歳以下の人間の反応はっていうと、鏡を触ったり、鏡の後ろにまわったりして、鏡の中に誰かがいるんじゃないかって確認するんだって。つまり、そこに映ってるのは少なくとも自分じゃないって思ってるってこと。

おいら達イヌはそんなことはしないけど、鼻をつけて匂いを確認しようとすることはあるな。でも、生きてる匂いはしないんで、結果、やっぱり無関心になっていく。

イヌが成長過程で鏡をみて吠えるってのは、ある意味、遺伝的なプログラムの影響っていえる。だけど、それを習慣化するかどうかは、その結果次第で、鏡の場合は何の結果も伴わないから、習慣化は起きない。

習慣化された多くの吠えは学習によるもの。この鏡に吠える行動って、まさにその説明そのものってことさ。

え、結局のところ、おいら達が鏡に吠えてたら、どうしたらいいかって？

あれ、ここまでの話でうまく伝わらなかったかなぁ。う〜ん、だから子**イヌであれば、放っておけばいい**ってことよ。ほとんどが**数日で無関心になる**んだからさ。

成犬の場合はすでに習慣化してるわけだから、その状況をつくらない。

すなわち、**鏡にカバーでもして、みせない**ってことだ。

お腹をみせる

おいら達イヌは仰向けになってお腹をみせたりする。これって、弱いところをみせるしぐさなんだ。

おいら達のカラダにはたくさんの臓器があるだろ。その中で、脳や肺、心臓なんかは頭蓋骨や肋骨で守られてる。けど、お腹の内臓だけは、カラダの中で唯一守られてない部分なんだ。

仰向けってのは、そんな弱いお腹の部分をみせてるってことさ。

だから、イヌがそんな部分をあえてみせるってのは、何かしらの意味のある行動には違いない。

その意味とは、私は戦う意志はありません、私のほうが弱い存在、だから戦いを挑まないで、もうやめようよ、少し落ち着けよ、遊ぼうよってことを伝えようとしてる。

え？　服従の意味だって昔からいわれてるじゃないかって？

いえいえ、それは大きな勘違いですぞ。

そもそも服従ってどういう意味だい？

代表に辞書で調べてもらったら、「他の支配・権力につき従うこと」（大辞林）、「他の意志や命令に従うこと」（大辞泉）だってさ。さらに、人間が服従って言葉を使うときには、これから先の命令に従うっていう、未来に対する約束も入ってるぞ。

おいら達イヌには時間という概念がない。だから、お腹をみせるって行動は、その場にいる相手に自分の意志を伝えてるだけで、未来に対する約束なんてしてない。

ま、こうした定義と照らし合わせれば、**「お腹をみせる」＝「服従のポーズ」ではない**ってことは確実なわけよ。

たとえば、おいらは鉄と遊んでるときに、ときどきお腹をみせる。だけど、そのときの意味はこうだ。**「ひと休みしようよ」**、**「ちょっと興奮しすぎだから少し落ち着けよ」**、**「ハイハイ、降参、降参」**って感じかな。

遊びを誘うときなんかもお腹をみせる。鉄なんか、**おいらにかまってほしいときに、お腹をみせつつ口のまわりを舐めに来たりする。「ねぇ、ねぇ、兄貴、遊んでおくれよ」**って感じ。

お腹をみせてるからって、鉄がおいらに服従なんてしてるわけじゃない。ただ下手に出てるだけってこと。

こんなケースはまだまだあるぞ。たとえば、飼い主の前に来て、みずからお腹をみせて、「ういやつじゃの〜」なんて飼い主がお腹をなでる。で、しばらくすると急に噛みついてくる。

人間のほうは、「なんで服従のポーズをとってたのに、噛みついてくるんだ！」って理解に苦しむわけよ。でも答えは簡単。

飼い主にお腹をなでさせるためには「お腹をみせればいい」、そしてそれをやめさせたいときには「噛みつけばいい」ってことを、過去の経験から学習してるだけってわけ。

「おいなでろ！」……「もうやめろ！」ってね。

ただ、それだけのこと。服従なんてのは、まったく関係ないんですな、これが。

あ、もうおわかりだと思うけど、**叱りつけるとお腹をみせるってのも、まったく服従と関係ない**からね。

お腹をみせると飼い主の怒りが静まることを、これまた過去の経験から学習してるだけさ。

「戦いを挑まないで！」って、訴えてるだけだからね。

顔を背ける

代表がしつけ教室でアドバイスするやり方は、飼い主が愛犬を好ましい行動に導き、その行動がとれたら報酬を与えるって方法さ。

好ましい行動に導くのは、フードを握り込んだグーの手だ。なんてったって、おいら達は鼻がいい。フードの匂いがすると、そこに鼻をつけたり、その手を追いかけたりする。で、そのグーの手を追いかけさせて好ましい行動に導けたら、その手に握り込んだフードを報酬として与える。

でもですよ、ときどきこんな仲間たちに出くわす。飼い主がフードを握ったグーの手を鼻先に提示すると、顔を背けるんだ。

そのフードをもったグーの手とは、かかわりたくないってことだ。これ、**私にかまわないでという意思表示**。まぁ、**飼い主にみせる場合は、ほとん**

どがそんなにやらせようとしないでって訴えてるんだ。**そのときは、もちろんこうした仲間は飼い主の顔を絶対に見上げたりしない**。

ところが、そうしたイヌも代表の手には注目するし、代表を見上げるんだ。ま、飼い主とはかかわり合いたくないけど、ほかの人は別だと思ってるわけだ。これじゃあ、飼い主に幸福ホルモンのオキシトシンは出てこないわな。

で、そういう関係になっちまう飼い主には、いくつかのパターンがある。

ひとつは、**甘やかしてる飼い主**だ。日ごろから、イヌの要求に無条件で応えてる。たとえば、フードをくれ、おもちゃをとれ、かまってくれ……。そう吠えると、ハイハイってその要求に応えちまう。イヌが生活全般の主導権を握っちまってるわけ。

ふたつ目は、**やらせなきゃ、やりなさいってな態度で、イヌに接してる飼い主**だ。人間もおいら達も同じで、やりなさい、やりなさいと強要されればされるほど、やりたくなくなっちまう。そう、モチベーションが下がるってこと。**顔を背けるのはストレス反応**のひとつともいわれてるけど、飼い主がストレスの元凶になっちまってる。

こうした飼い主たちには、代表はいつも次のようなアドバイスをしてる。イヌの要求には無条件で応えないこと。確実にできる簡単なトレーニングをたくさんやって、たくさんほめてあげること。トレーニングをクイズ・ゲーム感覚で楽しんで行うこと。おやつは与えないこと。イヌからアイコンタクトをとってきたらほめてあげること。キャリーケースの中で大人しく待機できるようにすること。**フードは飼い主が望ましいとする行動に対する報酬として以外はあげない**こと。

とくに最後のひとつは効果がある。望ましいとする行動をとらなければ、永久にフードが出てこないってわけだからね。それまで、主導権を握ってたイヌも3日もすれば、飼い主に集中するようになるってもんよ。

まばたきをする

ハンドボールっていうスポーツを知ってる？

あのスポーツのキーパーってのは、練習でみんなに顔面めがけてボールを投げられるんだ。もちろん両腕で顔をカバーするんだけど、これって、腕の間から飛んでくるボールをまばたきせずにみる練習なんだって。

トレーニングをしなければ、反射的に目をつぶっちまうからね。目をつぶると、一瞬ボールを見失ってしまう。1発目のシュートを阻止できたとしても、そのボールが相手にわたって、またすぐにシュートされるかもしれない。目をつぶるってことは、相手のゴールを許すことにつながるのさ。

ボクシングってスポーツはもっとすごいぞ。殴られても目をつぶらないように練習をするんだ。

何がいいたいかっていうと、おいら達も人間も、**戦うときには極力まばたきをしないってことよ**。逆にいえば、**まばたきを多くするのは、意識的ではなくとも、戦う意志がないって相手に伝えることになる**ってのさ。

戦いを避けたいときにみせる行動は、ストレスを感じたときに出すしぐさと多くが同じだったりするけど、まばたきも同じだ。

人間のなかには、ストレスや緊張を感じると、極端にまばたきが激しくなる人がいる。おいら、テレビはみないけどさ、なんでも、ニュースなんてみてると、騒動を起こしてその弁明の記者会見する人のなかに、このまばたきが激しくなるっていうのがみられるらしいね。

もちろん普段から、やたらまばたきする人はいるけど、ストレスがかかると、それに拍車がかかる。

よくイヌ好きの人間って、とくに子イヌなんかだと、はじめて会ったイヌでも、両手で持ち上げて目をみたがるだろ。そのときの様子をよく観察してご覧よ。**まばたきをよくする仲間がいるはず**だ。それって、「**ストレスがすごくかかっています**」。**だから、「そんなにみないでください」って訴えてる**んだぞ。

そのあたりの気持ちをわかるようになってほしいもんだ。まばたきが多くなるのはストレスのサイン。ぜひ忘れないでおくれよ。

あくびをする

「落語家殺すにゃ刃物はいらぬ、あくび三つもすればよい」

人間って、つまらない話を聞かされたり、退屈してるときに、あくびをするだろ。おいら達の場合、あくびはどんなときにするんだろうか。

そもそも、あくびって何だろうね？　口を大きく開けて、長く深く息を吸って、ゆっくり吐くっていうしぐさのことだ。

人間の場合、眠いときや退屈なときにみせるらしいけど、おいら達イヌのあくびは、眠いときにはそれほどみせない。なんてったって、**イヌは眠いときには寝る**からね。我慢なんてしない。残業で寝不足なんてのには絶対ならないしね。

退屈なときはどうなんだろう。

そもそも退屈ってのは何だろうね。することがないってのとは、ちょっと違うんだろうな。することがないのなら何かすればいいんだし。

わかったぞ。退屈ってのは、ホントは別のことをしたいけど、そこにいなくちゃいけないっていう状況に置かれたときの心理状況をいうんだ。

落語でいえば、話がつまらなければ、席を外せばいいんだけど、木戸銭も払ってるし、席を外すのはまわりにも迷惑だからって、そこにい続けちまう。そんな状況のときに、あくびってやつが出るんじゃないのかな。

ホントはその場にいたくないのに、なんらかの事情でいなくちゃいけない。それってさ、早い話がストレス状態ってことだ。

おいらも鉄もあんまりあくびをみせないけどね。みせるときはだいたい、長時間のトレーニングや撮影、あとは診察台なんかにのせられたときだ。

ホントはそこから逃げ出したい。だけど、いなくちゃいけない。そんな状況ってわけよ。

イヌのことをよく知らない飼い主は、何かさせようとしたときにあくびをみせると、不まじめだ、飼い主をバカにしてるって怒るんだけど、こっちからしたら、不まじめでも、飼い主をバカにしてるわけでもないぞ。ストレスがかかってるってことなのよ。そこのところを、どうかひとつ、わかってほしいもんだね。

そうそう、落語の話だけど、これからはつまらない落語を聞かされそうになったら、我慢して聞くのはストレスのもと。あくびをみせるのは落語家を殺すことにもなるので、あくびが出る前に席を立ちましょう。

え、それはそれで、落語家を食えなくしちまうってか？　まっ、そりゃそうだ。困ったね。

カクカク震える

「耳の奥から手ェ突っ込んで奥歯ガタガタいわしたる」ってセリフは知ってる？　おいらはまったく知らないけど、代表が子どものころに流行った、『てなもんや三度笠』っていうテレビ番組で、藤田まことって役者が演じる「あんかけの時次郎」の「お約束ギャグ」なんだって。

え、それが、イヌのしぐさと何の関係があるかって？

ごもっともです。たまたま、おいら達があごをカクカクいわすことがあるって話をしたら、代表がうわごとのように思い出したことを口にしはじめただけ。

歯をガチガチ鳴らすって表現もされるな、このしぐさは。

これだって、ストレス反応のひとつさ。だけど、どっちかっていうと、

期待に満ちたストレス状況。よくみられるのは、食事の前やトレーニング中だ。

食べ物が目の前にあれば、おいら達イヌはガバッて食いつきたいわけよね。だけど、オスワリして待ってないともらえない。食いつきたいけど、食いついたらもらえない。食いつかないと、やがて食いつける。

そう、葛藤ってやつさ。おいらのなかで、「食っちまえよ」ってうながす悪魔のおいらと、「行儀よく待つのよ」ってとめる天使のおいらが、ささやき合いをしてる。まぁ、そんな感じよ。**葛藤というストレスが、あごのカクカクを生み出してる**わけだ。

人間たちの場合、人前に立つと足が震えるなんて経験をした人は少なくないみたいだけど、そうしたカラダの震えも、もちろんイヌにある。

カラダが思うように動かせなくなったり、カラダが小刻みに震えたりするのもストレスによるものだ。ストレスは交感神経を働かせる。交感神経が強く働きすぎると、カラダが硬直し、毛細血管が締まり、末梢神経も働かなくなる。

もしイヌのカラダが小刻みに震えてたら、けっこうなストレス状態。その状況では飼い主の要求にはなかなか応えられない。そう理解しておくれよ。

そんなときは、まずはおいら達のストレスの軽減に努めてほしいね、飼い主は。頼むからさ。

カラダをカキカキする

鉄はカラダをよくかく。皮膚が弱くて、かゆみを感じるんだろうね。

ただ皮膚に異常がなくても、おいら達イヌはカラダをかくことがある。

それは、ストレスを強く感じたときだ。

いまは亡きプー兄貴が一時期そうだったんだって。

プー兄貴を飼いはじたころは、いまでは間違いとされてる「アルファシンドローム」、すなわちイヌの多くの問題行動は飼い主をリーダーと認めていないことから起きる、っていう考え方を代表も盲信してた。

そうならないためにはっていって、守るべきことがたくさんあった。号令は威厳をもってはっきりといわなければいけないとか、一度の号令で必ず行動をとらせないといけないとか、遊びでは絶対に勝たなくちゃいけないとかね。

そう、代表のなかに、プー兄貴を支配しなくてはいけない、主従関係を築かないといけないって気持ちが、かなりあったってわけ。

おいらと鉄に対する接し方と違って、トレーニングもガツガツやってた。難易度も早いペースでレベルアップしていったそうだ。

ところが、スワレ・マテを掛け、離れていくというトレーニングの段階に入ったら、このカラダカキカキを頻繁にするようになった。座らせてマテを掛けるところまではいいんだって。そこから代表が離れはじめると、必ずといっていいほどカラダをかきはじめる。カッカッカッカッてね。そして、カラダをかき終わると、そこで立ち上がってしまう。

最初は皮膚の疾患かなと思ったんだけど、すぐにストレスを感じてるんじゃないかって代表も考え直した。

ストレス時には、ヒスタミンっていう物質が体内に増えるんだって。ヒ

ほら、かゆみ止めなんかに効くっていう抗ヒスタミン剤なんてのがあるだろ。あれには、かゆみをもたらすヒスタミンを抑える効果があるんだ。

ストレスを強く感じると体内のヒスタミンが増え、カラダがかゆくなる。**飼い主と何かをやってるときであれば、「そんなにやらせないで！」っていってるか、「難しくてわかりません」って混乱してるか**のどっちかだ。

そうそう、このカキカキ。仲間同士でいるときにみせることもあるぞ。相手に「私はあなたに集中してないですよ。ほら、カキカキのほうが重要なの」って、戦う意志がないことを伝えてるってこと。それと、ブルブルと同じように、「ちょっと落ち着こうよ」っていうサインの場合もある。

おっと、もちろんカキカキは皮膚の疾患の場合もあるから、獣医さんにみてもらうこともお忘れなく！

地面を急にクンクン

ご存じかと思うけど、おいら達イヌにとって匂いかぎってのは重要さ。まずは、空中の匂いかぎだ。テーブルの上に食べ物なんかがあるとよくやるな。鼻先を上方に向けてクンクンと匂いを感じ取る。人間もそうだけど、空気中の匂いから、それがどこから来ていて何なのかを大体捉えるってわけ。

本格的なのは、鼻をくっつけるくらいに近づけて、対象物の匂いをクンクンかぐことだ。地面、落ちてる物、仲間たちだったらお尻の匂い、人間たちの匂い。

ご承知のとおり、イヌは人間の数万倍以上、匂いをかぎ分けられる。警察犬は犯人の匂いを頼りにその痕跡をたどって追跡する。麻薬探知犬は麻薬の匂いをかぎ分けるんだ。シロアリのありかを探し出す仲間もいるし、危険な仕事をする仲間では地雷探知犬なんてのがいるぞ。

ただ、地雷ってのは、5キロ以上の圧力で爆発するようになっていて、おいら達にはとっても危険。だから、この仕事はスーパーラットってネズミに仕事を譲ろうって動きがあるらしい。ネズミはおいら達より断然軽いから、地雷が反応しないんだってさ。ラッキー！　そんな危険な仕事は、喜んでネズミ君に譲りまチューだ。

その代わりっていっちゃなんだけど、最近では、癌をみつける仕事をしてる仲間もいる。

それだけ匂いがわかっちゃうと、いつも臭くて大変じゃないかって、心配する人もいるみたいだね。だけど、クンクンっていう匂いかぎをやらなければ、人間でいえば雑踏を歩いてるようなものさ。雑踏を歩いてるときに、いろんな音が聞こえてるはずだけど、いちいちそんなのには気をとめてないだろ。それと同じさ。

おいら達も気になる匂いが意識に上ると、クンクンとそれに集中して、匂いをかぎ分けたり、情報をかき集めたりするってこと。ってことは、**クンクン匂いかぎをしてるってのは、いまはそれに集中していて、ほかのことは眼中にない、**っていう姿でもある。

プー兄貴が一時期、徹底したイヌ嫌いになったって話はしたっけ？

長くなるから説明は省くけど、とにかくある時期にそうなっちまったんだ。そんなとき、ドッグランみたいなところにプー兄貴がいたら、ビーグルがそこに入ってきたことがあった。入り口からプー兄貴までの距離はおよそ50メートル。ビーグルはプー兄貴を発見すると、突進してきた。

代表は焦ったって。そのまま来たら、プー兄貴はケダモノの形相で吠え、相手に突進するかもしれない。ところが、そうはならなかった。

そのビーグルは7メートルくらいまでプー兄貴に接近したところで、ぴたっとまって急に地面の匂いかぎをはじめたんだって。そして、少しずつプー兄貴に近づいたんだ。

驚いたことに、プー兄貴も地面の匂いかぎをはじめた。そのままお互いに近づいて、お互いの匂いをかいで、そのビーグルは立ち去ったって。

そうなんだ。**匂いかぎも、「私はあなたに集中してないでしょ。だからあなたも私に集中しないで」っていう「争いごとを避ける」ためのしぐさとして使える**のさ。

「争いごとを避ける」ためのしぐさは、ストレスがかかってるときにみせるしぐさと多くが一致する。まさに、この急な匂いかぎもそれ。

もしイヌにトレーニングか何かを要求したときに、急に匂いかぎをはじめたら、ストレスをかけちまってるってことよ。

「おいらに何かさせようとしないでおくれよ。おいらはいま匂いかぎのほうが重要になったんだから」ってことを訴えてるのさ。

前足を上げる

未去勢のオスイヌが後ろ足を上げてたらオシッコ、つまり「マーキング」をしてるってわけ。

だけど、メスあるいは去勢済みのイヌが後ろ足を上げてる場合は、高いところにオシッコをかけようとしてるわけじゃないぞ。オシッコのはね返りを避けようとしたり、前足にオシッコがかからないようにしてるのさ。

え、後ろ足じゃなくて、前足を上げるワケを聞きたいって？

これにはいろんな理由がある。

鉄なんかは、遊びを誘うときに前足を出す。手招きするようにというか、猫パンチのようにというか……。ただし、これはつねに動いていて、途中でその動作がとまるなんてことはない。

飼い主と並ぶような位置に座らせて、アイコンタクトをとると、片方の前足を上げる仲間もいるぞ。たとえば、飼い主の左側にいる場合、飼い主を見上げるために左足に体重をかけるから、自然とカラダが左側に傾いて、結果的に右前足が上がっちまう。

待ち伏せみたいな状態に入ると、片足を上げて固まっちまうって仲間もいる。へたに動いて相手に感づかれるとまずいからね。

とくに猟犬、ポインターの仲間とかビーグルなんかがこのポーズをよくみせる。ビーグルなんかは、気になるものに集中したときにもみせる。

それと、警戒を伴った匂いかぎや、相手の様子をうかがうときなんかにも、片足を上げたりするぞ。これなんかは鉄がよくやるな。

ストレスを感じると、片足を上げて固まるってやつもいる。この場合は、上げてないほうの片足に体重をぐ～っと乗せてるって感じだ。

あ、それと、オテなんか教えられてる仲間だったら、そのポーズをするといいことが起きるって学習してるんだ。だから、そんなイヌだったら、前足を上げると何かいいことが起きるって期待してるわけ。

そのほかにも、地面が熱かったり、汚れたトイレに入りたくないってときなんかに、片足を上げるってことがあるぞ。

片方の前足を上げるってしぐさには、いろんなケースがあるから、どのときにどうなのよって気になるだろう。でも、これはやっぱり、**前後に何が起きてるかってことや、目つきやしっぽの位置、体重のかけ方なんかの、ほかから得られる情報で総合的に判断する**ことになる。

おいら達には、その違いがすぐにわかるけど、人間がその意味を読み取るには、それなりのウォッチングが必要だな。

知りたければ、まぁ、勉強あるのみってことさ。で、ストレスがかかってるようなら、その軽減に努めてあげるってのが正しい飼い主の姿ってもんさ。

ため息をつく

ニッパー君って知ってるかい？

じゃ、日本ビクターって会社は？　ＳＭＡＰってグループのＣＤを出してる会社の親玉で、とっても古くからある会社だ。そこのトレードマークが蓄音機に向かって首をかしげてるイヌの絵で、そのイヌがニッパー君っていうのさ。

元をたどるとこのニッパー君、１８８９年にフランシス・バラウドっていうイギリスの画家が書いた絵なんだ。

バラウドはニッパーって名のイヌを飼ってたんだけど、ある日、元の飼い主だった亡くなったバラウドのお兄さんの音声を蓄音機で聞かせたところ、ニッパー君が首をかしげるポーズをとったんだって。バラウドは、そのニッパー君の姿に心を打たれて筆をとったってわけさ。

ちなみに、その絵のタイトルは「HIS MASTER'S VOICE」、日本語にすると「彼の主人の声」。首をかしげるのは、「耳を寄せてる」ってしぐささ。

人間はおいら達のそうした姿をみると、自分たちがそうしたしぐさをするのと同じように「何か一生懸命考え悩んでる」に違いないなんて、勝手に解釈しちゃう。

だけど、実際はそうじゃないぞ。**もっとその音を聞き取ろうと、片方の耳を近づけてるだけ**なんだ。人間ならば、片耳を近づけて耳をそばだてる格好ってわけ。

同じように、飼い主が勘違いするしぐさとして、ため息ってのがあるぞ。ストレスを感じたり、ものごとがうまくいかなかったり、悩んだりするとき、人間はため息をつくだろ。

だけど、**イヌは人間のようなため息はつかない**。そもそもおいら達は現実のみに生きてるから、未来や過去のことで悩んだり後悔したりもしないんだから。

じゃあ、イヌのため息のようなものは何かって？

それはですね、人間のため息は口から息を深く吐くじゃない。息を吐くためには、その分だけ息を吸ってるわけさ。イヌのため息のようなものは、息を深く吸って強く鼻から吐く。そう、深呼吸みたいなもんなんだね。

人間はみずからを落ち着かせるときに、深呼吸ってよくするじゃない。**イヌのため息はその深呼吸と同じ**ってこと。すなわち、**ストレスを感じる何かがはじまったときや、そのストレスを軽減するためにやる**んだ。

もうひとつは、**ひと息入れるなんて感じで、ストレスを感じる何かがなくなってホッとしたときにみせる**。

ま、人間と同じようなしぐさでも、おいら達がやる場合には意味合いが違うってこともあるってわけよ。

第4章

理由があります、その行動

本気でガブリ

もし、誰かからいきなり右腕をつかまれたらどうする？

相手が信頼関係のある友達なら、「どうしたの？」って聞くかもしれない。だけど、そもそも信頼関係のない、よく知らない相手や嫌いな相手だったらどうする？

そんなときは、「何するの！　やめてよ！」って抵抗するだろ。それでも相手が手を放さなければ、「やめてよ！　放して！」って、左手を使って相手の腕をつかんでほどこうとするはずだ。

おいら達だって同じさ。

たとえば、飼いはじめて数週間。おいら達の爪が伸びてるのに気づき、「さあ、爪切りだ」ってなって、イヌの右前足をギュッともった光景を想像してみてよ。おいら達からすれば、とても信頼関係ができてるとはいえない相手から右前足をつかまれたってわけよ。

おいら達イヌは「何するの！　やめてよ！」って、まずは振りほどこうと前足を引っ込める。だけど、相手は手を外されては困るのでさらに強く握るんだ。おいら達からすれば、手を放してくれないので当然、「やめてよ！　放して！」と、左前足を使って相手の腕を……。

そうなんだな。イヌは足でものをつかめないんだ。だから、左前足をもってしても、あなたの手をどかすことはできない。人間でいうところのつかむって行為は、おいら達の場合は噛むということ。そう、イヌは何かをつかむとき、足ではなく口を使うんだ。

これ、人間からすると「噛まれた！」ってことになる。

イヌにかぎらず、脊椎動物ってのは、ある行動の結果、嫌なことがなくなれば、その行動の頻度を高めていく。そのきっかけは案外ささいなことにある。

さっきの例だったら、おいら達が前足をつかまれた（それを嫌なことと感じた）ときに、噛みつけば嫌なことがなくなるってのを体験したってことさ。

おいら達イヌは体験したことを学習していく。いくら言葉で「こわくないから大丈夫よ」となだめようとしても、人間の言葉が理解不能なイヌには無駄ってものなのさ。こうして、おいら達の噛みはどんどんひどくなっていくわけ。

こわがりなイヌほど噛みつきを学びやすいってことも知っておくといいぞ。多くの飼い主が勘違いをしてるんだけど、飼い主に攻撃性をみせるイヌは、そのほとんどがこわがりなやつなんだ。そんなやつほど、飼い主の行動に不安を覚えやすく、噛みつくきっかけを得やすい。

いまでも書店にいっぱい並んでる、過去の非科学的なしつけの本。そうした本には「いい叱り方」といって、「口吻《こうふん》（マズル）をつかむ」、「仰向けに押さえつける」、「首根っこを持ち上げて振る」なんてのがよく出てる。だけど、そんなことやった日にゃ、けっこうな確率で本気噛みされるようになっちまうぞ。

力で向かって来られれば、おいら達も力で対抗する。そういうことさ。「噛みつけば飼い主はそれ以上嫌なことができない」ってのを、おいら達イヌに学習させないためには、噛みつく体験をさせないようにするってことがいちばん。つまり、**噛みつくきっかけをつくらない（嫌がることは無理やりしない）**ってことが重要なんだぞ。

以上、噛みしめるようにご理解いただければ、と思うおいらであった。

逃げる or 攻撃する

おいら達の仲間には、離れていれば問題ないけれど、相手が近づいてくると、威嚇したり攻撃したりするってのがいる。

イヌも含めて動物は、相手との距離によって、その行動を変える。行動学では、その距離を逃走距離と攻撃距離に分類するんだ。基本的に相手との距離が十分にとれていれば、逃げることも攻撃することもない。

警戒すべき相手が逃走距離に近づいてきた場合、イヌは逃げるって行動をとる。ところが、この**逃走距離よりももっと近づかれると、すなわち攻撃距離の中に相手が入ってしまうと、攻撃するっていう行動をとる。**

野生動物なんかはわかりやすいぞ。やつらは人間が近づくと逃げていくから、その姿さえなかなか確認することができない。だけど、気づくのが遅れて出会い頭に遭遇したりすると、一気に襲ってくるんだ。

最近では、この逃走距離と攻撃距離によって、脳の活動部位が変わることが確認されてるみたいだ。

逃走距離に相手が入ると、動物たちは不安を感じるようになるらしい。そんなときは、大脳新皮質よりも内側に位置する大脳辺縁系《だいのうへんえんけい》ってところ、そこにある扁桃体《へんとうたい》って脳の部位が働くんだ。この部位は、好き嫌いとかこわいとかの情動をつかさどる部位だ。ここは大脳の一部だから、思考とか抑制をつかさどる前頭葉からの指令が利くらしい。だから、逃走距離にいるうちは、どうしようかなあって考える余地がまだあるってことだ。

一方で、攻撃距離に相手が入ると、大脳のもっと奥に位置する脳幹《のうかん》ってところ、そこにあるPAGっていう部位、漢字で書くと中脳水道周囲灰《ちゅうのうすいどうしゅういかい》白質《はくしつ》って場所が働くんだって。

脳の活動場所が扁桃体からPAGに移った瞬間、攻撃性が生まれるらしいぞ。脳幹っていうのはとっても原始的な脳の部位、一方で大脳は進化の過程では新しい脳の部位だ。**逃走距離に相手がいるうちは、扁桃体が働いてるんで理性の働く余地がある。**つまり、**抑制が利く可能性があって、基本的には争いを避ける方向に行動は向かう**ってことだ。

だけど、**PAGってのは大脳の仲間じゃない。なので、それが働くときには大脳からの指令である抑制なんて一切利かない。**それこそケダモノ状態になっちまうってこと。

ただ、PAGの働きは持続しないから、攻撃性が続くことはないんだってさ。

おいらの仲間同士のケンカなんかをみてるとよくわかるな。一瞬激しく攻撃し合うけど、すぐに決着がついちまうからね。

ちなみに、扁桃体の反応は経験によって変えることができるんだってさ。

つまり、逃走距離はある程度学習すれば変えられるってわけ。相手に対して不安を感じる距離を詰められるってこと。そうなれば、必然的に攻撃距離も詰められる。

イヌ同士の接近であれば、2メートルのそばに来られると不安を感じ、1メートルまで近づかれると、攻撃的になってしまう。そんな仲間も少しずつ慣らすという適切なトレーニングを積めば、50センチまで近づかれても、不安は感じるけど攻撃的にはならないっていうふうにできる。

さらに、危険な相手ではないと理解させられれば、もっと近づけられるようにもできる。

まぁ、あくまでも適切なトレーニングを積めば、の話だけどね。

しっぽを追いかける

自分のしっぽを追いかける。

これも成長過程で多くのイヌがみせる行動だ。おいらもやってた。ただ、子どものころだからよく覚えてないけど、おそらく、あるときお尻のほうになんか、ヒラヒラしてるものがあることに気づくんだろうね。

そこで、何なのか確かめようとする。で、パピーは匂いをかぐ、口に入れて噛んでみる。しかし、そんな確認作業をしようとすると、なんとそのヒラヒラは逃げていくのだ。

そうなると、さらに追いかけて噛みつかずにはいられなくなっちゃう。それがおいら達イヌ、とくにパピーの性《さが》ってわけよ。

で、追いかけるわけよね。でも、なかなか捕まえられない。やっと捕まえたと思ったら、なんだか自分のカラダの一部のような……。

そんなことを繰り返していくうちに、やがて「しっぽ追いかけ行動」はやらなくなる。

これ、イヌだけじゃない。子猫の「ここにゃ」もやってた。ただ「ここにゃ」の場合は、クルクルまわるんじゃなくて、仰向けになって、おまたの間からみえてるしっぽにじゃれついてた。チビコ先輩はやらないから、やっぱり成長していくと、そういう行動はしなくなるんだろうね。

てなわけで、**子イヌの一時期にしっぽを追いかける行動は、何の問題もない**からご心配なく！

だけど、1歳になってからも、そんな行動をやってたら問題だぞ。ストレスが原因の場合がほとんどだからだ。追いかけるだけじゃなくて、噛んでしっぽの毛をむしっちゃうってやつもいるくらいだ。

追いかけたりする程度の軽度な場合なら、散歩や運動量を増やしたり、コミュニケーションを密にしたりして、ストレスを発散させれば、改善に向かう。

ただ、むしっちゃうほどの重度の場合には、人間でいうと強迫観念症《きょうはくかんねんしょう》のような状態になっちまってる場合もあるんだ。常同行動《じょうどうこうどう》ってやつの強いもの。人間ならば心療内科による治療が必要となる。

常同行動ってのは、一定のリズムで同じことを続ける行動だ。

みんなが、あ、あれねってわかるのは檻の中のクマの行動。右に行ったり左に行ったりを繰り返してる。

実はあれって、熊だけじゃなくて、檻の中に野生動物を入れると、同じような行動をするんだって。

そりゃそうだよな。どう考えたって、強いストレスを受けるよな、あの状態は。

ちなみに、おいら達が一時的じゃなくて、長期的なストレスが原因でとるようになる行動は、しっぽを追いかける、しっぽの毛をむしるってだけじゃない。グルグルとその場をまわるのもストレスが原因だ。あと、前足なんかを舐めるのも同様。指の間を舐め壊すやつもいるぞ。

いずれも、**軽度な場合は、ストレスを発散させてあげればいい方向に向かう**。だけど、さっきもいったけど、**重症の場合は、投薬などの治療が必要**だ。

早いうちに常同行動に詳しい獣医さんのとこに、連れていってあげておくれよ。

フードを無視する

このおいらだって、大好きなフードに興味がもてないってときがまれにあるぞ。けっこうなストレスがかかってるときだ。たいていは、近くにストレスになる原因があって、それが気になって、フードを食べてる場合じゃなくなっちまうってわけ。

それに、ストレスがかかると、交感神経ってやつが一生懸命働いちまって、アドレナリンとかいうホルモンも体内に放出されるんだ。このアドレナリンがカラダ中を駆け巡ると、消化器系が働かなくなっちまって、食べる気にもならんっちゅうわけよ。

クラスに参加してる仲間をおいらはよく観察してるけど、よくフードに関心を示さなくなる仲間がいる。あれって、まさにストレス反応。その要因は何かっていうと飼い主だ。**やりなさい、やらせなくちゃっていう飼い主の態度がイヌにストレスを与えちまう**んだ。

でも、なかにはこんな仲間もいる。主導権を握っちまってるやつだ。それをやるかやらないかは私が決めるのよ、食べ物は要らないから何もさせないでってね。

ちなみに、こうしたイヌにかぎって、飼い主が「うちの子、食が細いんです」って代表に相談してくるんだ。

代表はそんな飼い主には、トレーニングや好ましい行動の報酬以外にはフードをあげないようにって指導してる。それと、食器でフードを与えるのもやめるようにってね。何もしなくても朝晩にはどばっとフードが出てくるって知ってると、トレーニングなんて面倒だと思えば、お給料は要りませんので働きませんってことになっちまうってもんさ。

こんな飼い主もいたぞ。

「食器であげるのはやめました。おやつもあげていません。トレーニングや好ましい行動の報酬以外にはフードをあげないようにしました。そうしたら、ここ1週間何も食べないことになってしまいました」って。

だけど、代表がそのイヌのカラダを触ってみてもとくに痩せてはいない。1週間何も食べなければ、普通は痩せるものさ。どうやら、その飼い主はイヌを静かにさせるために、おやつなどが入れられるゴム製のおもちゃの中に、食べ物をたっぷり入れて、いつも与えてたみたいなんだ。

なあんだ、うるさいからって、結局食べ物を無条件であげてたんじゃないか。これじゃ、だだをこねる子どもにお母さんが負けてるのと同じじゃんってことだ。

フードを食べない行動を習慣化してるのは、学習の理論からひもとけば、そうした行動でいいことが起きてるってわけ。

目の前のフードを食べなければ、もっとおいしいものが出てくるってのを

を体験的に学習させてるってことさ。

「うちの子、舌が肥えていて、すき焼きのいちばんおいしい肉しか食べないの。それも冷蔵庫に30分入れたらもう食べないのよ」っていう強者だって知ってるってさ、代表は。

話をまとめよう。

フードを食べないのはストレスがかかってるか、目の前のものを食べなければもっとおいしいものが出てくるってことを学習させてるからだ。

前者はストレスを軽減させる、後者は目の前のものを食べなくても、ほかのものはあげないってのを徹底すること。こうすれば、確実にフードを食べるようになる。

だって、おいら達、何も食べないと死んじゃうからね。

呼んでも来ない

「自分のイヌは、オイデで呼んでも来ない」とお悩みの飼い主たち！

これは、「飼い主のところへ行くという行動の結果」、「**嫌なことが起きる**」、もしくは「**いいことがなくなる**」からだ。

前者は、叱られたり、嫌いな爪切りやシャンプー、ブラッシングをされちまったりするからだ。

ひどい場合には、オイデって呼ばれると、そばに行くどころか、逃げちまう。オイデは嫌なことが起きる前ぶれって学習してるってことよ。

後者は、ドッグランなんかで遊んでる仲間によくいるぞ。オイデって呼ばれて、飼い主のところに行くと、遊びがおしまいになって連れて帰られちまうってことを、よ〜く知ってる。オイデはいいことがなくなる前ぶれって学習してるわけさ。

こんな仲間だっているぞ。

オイデで呼ばれると、飼い主の手が届くか届かないかのところでとまって、様子をうかがってる。いいことが起きるオイデなのか、とっつかまって嫌なことが起きるオイデなのか考えてるってわけ。

こんな仲間たちの飼い主に対して、代表は次のようにアドバイスしてる。「合図を変えてください」ってね。

たとえば、「カム」とか、「コイ」とか、「コッチ」とか、「ココ」とかだ。で、新しい合図に変えて、イチからオイデのトレーニングをし直すってわけ。

新しい合図で呼んで来たときは、絶対に「**嫌なことを起こす**」ことも、「**いいことをなくす**」こともしないこと。逆に100パーセント「いいことを起こす」ようにする。これを徹底するよう指導するんだ。

そうそう、こんなことをいう飼い主もいるな。

「うちの子、おやつをもってると来るんだけど、もってないと来ないのよ」なんてね。

それは、おやつをもってるか、もってないかを感じ取られてるからだ。こういう飼い主にかぎって、おやつを直接袋から出してオスワリなんかをさせてる。「ガサガサ」、「バリバリ」って**袋の音がしたときは、飼い主はおやつをもってる、だから飼い主のそばに行けばいいことが起きる**。一方、**その音を耳にしないときは、おやつをもってない、だからいいことは起きない**ってね。

そんなことを、イヌは経験上知っちまってるってわけ。

あ、そうそう、おやつをみせびらかすなんてのは、もっとダメだぞ。視覚でもったか、もってないかを確認させちまうからね。

オイデにかぎらず、トレーニングは、フードを音もなく握り込んで、行うってこと。これ、とっても大切なことだからね。

グイグイ引っ張る

よくリードをぐいぐい引っ張って、散歩してるイヌをみかける。昔は、イヌが自分のことをリーダーだと思ってるから前を歩いてる、なんて説明されてたけど、それは大きな間違いだぞ。

理由はこれまたいくつかあるけど、まずは動物には反射っていう生理的な行動があるってこと。これは、押したら押し返す、引っ張られたら引っ張り返すっていう感じで、加えられた力に抗するようにカラダが勝手に動くことをいう。

だって、そうした動きができなければ、ちょっと押されたり、ちょっと引っ張られたりしただけで、倒れちまうからね。

だから、「なぜ引っ張るんだ？」って飼い主に聞かれたら、多くのイヌはこう答えるはずだ。「だって、飼い主が引っ張ってるんだもん」ってね。

さらに、引っ張りは学習の結果でもあるんだ。

そう、おわかりのとおり、引っ張るって行動の結果、いいことが起きてるってわけ。

何がいいことかっていうと、行きたいところに行ける。それ自体がいいこと。欲求がかなえられることは、すべていいことになるからね。

公園に行きたい、あのイヌと遊びたい、あそこの電信柱の匂いをかぎたいって飼い主を引っ張ったら、公園に到着した、そのイヌと遊べた、目的の電信柱の匂いをかげた……。

そのすべてがいいことになるってわけだ。

じゃあ、飼い主がどう対応すれば、おいら達が引っ張らなくなるのか。

その答えは、**引っ張ったらとまって進まない**こと。つまり、いいことを起こさないってことだ。で、**リードを弛ませたら進めばいい**のさ。つまり、いいことを起こすってことよ。どうだい、簡単だろ。

引っ張ったらいいことは起きない、リードを弛ませるといいことが起きる。おいら達はいいことが起きる行動を高めて習慣化していくわけだから、やがて引っ張らなくなるってわけよ、この方法で。

でも、「言うは易く行うは難し」でね。そうだな、おいら達がそれをしっかり理解するには、6カ月くらいかかるってもんよ。

人間だって同じだ。お稽古ごとやスポーツだって、なんとなくさまになるにはそのくらいの練習が必要ってもんさ。

え、嫌なことをなくそうとして、引っ張るってこともあるんじゃないかって？

鋭い質問！　そういうこともあるぞ。

たとえば、**こわい何かから逃げ出そうとしてるとき**なんてそうだ。もちろん、この場合はとまっちゃダメ。そのときは**一緒に逃げる**ことですな。で、そのこわがってる何かが日常的なものであれば、その何かに慣らすってことが王道よ。

ほか、飼い主から逃げようとして引っ張るやつもいるぞ。こうした仲間は、飼い主から離れようとして、前方方向じゃなくて斜め前を傾きながら引っ張ってる場合が多い。

この場合の改善策は、飼い主が適切なトレーニングをして、イヌとの信頼関係を築くってことに尽きるな。そもそも飼い主から逃げようとしてるわけだから、飼い主との関係性がよくならないと話にならないってわけさ。

飛びつく

おいらは人間たちの口を舐めるのがダーイ好き！

どうしてかはわかんないけど、聞くところによれば、その昔、おいら達の祖先の子どもたちってのが親の口のまわりを舐めて、親から食べ物を吐き出させてたそうな。その名残っていう。

まぁ、真偽のほどはわからんけどね。たしかに**子イヌたちは口を舐めたがる**な。

で、子イヌのときは名残でそうするんだけど、**多くの飼い主はそれを「よしよし」なんて歓迎する。イヌにとってはいいことが起きてるわけで、成長に従って、それは飛びつきに代わっていく。**飛びつくとやっぱり「おーよしよし」なんて、これまた歓迎されるわけで、やがて飛びつきは学習・

習慣化されていくっていう寸法さ。

おいら達の多くはその経験から、人間にかまってもらうためには、飛びつくのがいちばん効率がいいと考えてるわけ。

でもですね、とくに大型犬が外で他人に飛びつくのは危険だ。相手がビックリして倒れちゃうことだってある。小型犬だって問題ありだ。飛びつきは、人間の子どもが砂場で遊んだ手で他人の服に触るようなものよ。そりゃあ、マナーとしていかがなものかってこと。

んなわけで、やっぱり家の外での飛びつきは、させないようにトレーニングしたほうがいいんだ。

ここまで、読み進めてきてくれた賢明なる読者なら、もうおわかりでしょう。

そう、**飛びついたら無視すればいいのさ**。**飛びついてもいいことが起きなければ、飛びつく行動は減る**ってわけ。**反対に、座ったらかまってあげ**

るんだ。

飛びついてもいいことは起きない。座ればいいことが起きる。

さあ、どっちが得か、よ～く考えてみよう。

頼める人間すべてに、こうした対応をしてもらえば、確実に人間への飛びつきはなくなる。

そうそう、昔、「いわれたとおりにやってるのに、いっこうに飛びつきが減らない」って、訴える生徒さんがいたんだって。

そのころの代表はプロになりたてだったから、自分のレッスン風景を勉強のためにＶＴＲで撮影してたんだ。その飼い主さんもＶＴＲに映ってたんだけど、よくみてみると、代表の話を真剣に聞きながら、無意識のうちに飛びついたイヌをなでてたんだって。それじゃあ、飛びつきは直らないってことよ。

人間側の対応を変えれば、おいら達の行動は必ず変わる。おいら達の行動が変わらないのは、人間の対応が実は変わってないからさ。

ちなみに、おいら達が他者の口のまわりを舐めるのには、ほかにも説があるぞ。私は弱くて、いろいろと譲る立場だから、以後お見知りおきをってな感じで、下手に出るときの態度だっていう説だ。

もうひとつは、相手をなだめるときにもやるって説。噛みついたあとに、その相手に対してやったりする。

どっちも鉄はけっこうやるぞ。

だけど、おいらはそんなことやんない。おいらはもっぱら、きゃ～きゃ～っていってくれる相手を選んで、顔を舐めにいってるもんな。

トイレを失敗する

そもそも排泄ってのは、それ自体が気持ちいい行為。だから、どこでやろうと、結果的にいいことが起きちゃう。その気持ちよかったことを、場所とも結びつけちまう。だから、排泄したくなると、以前やった場所に行ってまたやろうとするんだ。

おいらだってそうさ。

おいら、代表の家でのファースト・ウンチングはリビングでやっちまったんだ。おいらは悪くないぞ！　だって、おいらはどこがトイレかなんてわかってないんだからね。悪いのは代表さ。おいらから目を離したからいけないんだ。

もちろんそんなこと代表は百も承知で、自分で自分を叱ってたぞ。

問題はそのあとだ。おいらは**ウンチをしたくなると、そのファースト・ウンチングの場所へ行っちまう**。もちろん代表は同じ轍は踏まないってんで、おいらからしばらくは目を離さなかった。

すると、なんとおいらはそれから1週間も、ウンチがしたくなるとファースト・ウンチングの場所へ行き続けてたんだ。そのたびに代表は、正しいトイレの場所へとおいらを連れていってくれたのさ。そのおかげで、ファースト・ウンチング以外は、すべてのウンチをトイレでできたってわけ。

8日目には、もうファースト・ウンチングの場所には行かなかった。ちゃんとトイレに行ってウンチすることができるようになったのさ。

これって、ウンチだけじゃなく、オシッコも同じだからな。

おいら達は体験を学習する。そして、その体験を通じて「いいことが起きた行動をまたとろうとする」。これをしっかりと頭に叩き込んでおくれよ。

排泄をトイレ以外でさせてるかぎり、排泄はトイレ以外でやればいいってのを教えてることになるってわけさ。

じゃあ、どうすればいいかって？

ほとんどのペットショップが、飼いはじめの環境として、サークル飼い、すなわちサークルの中にトイレとベッドを置き、そこでイヌを飼育するように勧めるけど、まずはこれをやめることだ。そもそもサークル飼いは、何重もの理由で好ましくない。

そもそもサークル飼いだと、リビングに出した際、排泄をしたくなっても、トイレに戻ってやるっていう体験をさせにくい。

なぜかっていうと、サークル飼いはサークル内で勝手に排泄をするから、飼い主がいつするか、あるいはいつしたかという、排泄のタイミングをつかみにくいからだ。

もうひとつの理由は、そもそもおいら達はトイレと寝床を離すのが習わしになってるからだ。サークルを寝床だと考えてるイヌは、排泄は寝床と離れたところでしたいから、排泄のためにサークルに戻ったりはしないのさ。

ことは簡単。サークル全体をトイレに、寝床はキャリーケースにすればいいんだ。

おいら達には自分のカラダや巣を汚したくないっていう習性があるから、キャリーケースの中にいれば、排泄は極力我慢する。キャリーケースに3時間入ってれば3時間分のオシッコがたまるから、その状態で広いサークルに出されると、すぐに排泄をするものなのさ。しかも、サークル全体がトイレだから、どこで排泄してもほめられる。

で、**うまく排泄できたらフードをあげて、リビングで遊んであげる。**

こうやって、失敗を体験させない。**トイレでの排泄のみを体験させ続ければ、トイレの場所なんてすぐに覚える**のさ。

後ろ砂をかける

おいらが後ろ足を高々と上げてオシッコをする匂いづけ、つまり「マーキング」をしたときは気をつけないといけないぞ。

悪いことはいわないから、おいらの背後には決して立たないことさ。それも10メートル以内にはな。

え、どうしてかって？

ふっふっふ、おいらのバックファイヤー、いや後ろ砂がかかるからさ。

5メートルは楽に飛ぶぞ。

もっとも砂ってよりも、土や草や落ち葉なんだけどね、実際は。

この後ろ砂をかけるって行動だけど、その理由が代表にもおいらにもよくわからないんだ。

そこで、おいらは身近のとってても狭い範囲で調査してみたってわけ。その結果、浮き彫りになった事実を公表するぞ。

まず、いろいろ聞き取り調査をしてみて、全員がやるわけじゃないってことがわかったんだ。おいらはやるけど、鉄はやらない。代表に聞くとプー兄貴もやらなかった。つまり、そもそもマーキングをしないイヌは後ろ砂かけをあまりやらないってことさ。

さらなる張り込み調査によると、メスもやるってことがわかった。おいらの知り合いの「メスなのにコロちゃん」は、ときどきだけど、オシッコのあとに後ろ砂をかけてた。

そんなタイプは、メスなのに仲間の背後から乗っかって力関係を確認しようとする、いわゆる「マウンティング」をしたがるイヌではないかって裏情報もある。

さて、ここまでにわかったことをまとめるぞ。

手がかりは、全員はやらない。**やるのはマーキングするイヌ。メスでやるイヌはマウンティングするタイプ**ってこと。いずれも個体として強いタイプってわけ。

フムフム、なるほど、わかってきたぞ。後ろ砂かけは、「マーキングはこちら」って目印になるんじゃないかってことよ。

え、何が目印になるかって？

ひとつは視覚的な目印だ。おいらの後ろ砂をかけたあとなんて、熊が木にマーキングしたみたいな爪痕が残る。このそばの木に尿によるマーキングがあるぞっていう目印になるってわけさ。

それと、おいら達の足の裏には汗腺があるから、飛ばした土にはおいら達の匂いがついてるってことよ。足を上げて行うマーキングは、いわばピンポイントだ。足の裏の匂いをつけた土を飛ばせば、マーキングはこっちこっちって少し離れたところから誘導することができる。

広範囲に匂いつきの土を飛ばして、「マーキングはこちら」って呼び込んで、爪痕で「マーキングこのすぐ脇」ってピンポイントを教える。そういう魂胆ってわけじゃないのかしらん。

どうだい、この考察は？　いい線いってると思うんだけどなぁ、おいらとしては。

ちなみに、おいらはウンチするときも、この後ろ砂かけをやるぞ。もちろん、猫のようにウンチを隠してるわけじゃない。恥ずかしい話だけど、ウンチのときに後ろ砂かけをやると、おいらはバフバフって声がつい出ちまう。興奮しちまってるってことだな、これは。

え、それもマーキングここにありきの目印かって？

う〜ん、ウンチにマーキングの意味があるなら、そうに違いないと思うんだけどね。誰か、調査・考察をしておくれ。

第5章

飼い主たちの疑問にもアンサー！

Question どうしてお父さんのいうことしか聞かないの？

うちのイヌはお父さんのいうことしか聞きません。お父さんはときどき散歩に連れていくだけで、それ以外の世話は一切しません。接している時間も少ないのに、なぜお父さんのいうことは聞くのでしょうか。

Answer

「お父さんが家族という群れのリーダーだってわかるから」

昔はこのように考えられてた。だけど、それは「？」だな。だって、現代の家庭では、お母さんがいちばん強い場合が多いんだから。

じゃあ、どうしてイヌはお父さんだけに従うのか？

まずは、学習理論に即して理解すればいいのさ。

重要なのは、４つの学習パターン。

A：ある行動の結果、いいことが起きれば、その行動の頻度は高まる。
B：ある行動の結果、嫌なことが起きれば、その行動の頻度は減る。
C：ある行動の結果、いいことがなくなれば、その行動の頻度は減る。
D：ある行動の結果、嫌なことがなくなれば、その行動の頻度は高まる。

お父さんは散歩にしか連れていかないってことは、散歩が好きなイヌだったら、つねにお父さんはいいことをしてくれる存在になる。

ところが、お父さん以外はどうだろう。大好きなゴハンをあげてるかもしれないけど、大嫌いなブラッシングをしたりもする。100パーセントいい存在とはいえない。だから、何かを要求しても、それに従うと嫌なことが起きるんじゃないかって疑いたくなっちまう。そういうことだ。

これとは違った関係もある。お父さんがやたら厳しい場合だ。お父さんのいうことに従わないと嫌なことが起きる。この場合、お父さんは嫌なことをする存在でもあるんだけど、裏を返せば、お父さんのいうことに従えば、嫌なことがなくなるっていうこと。

お父さんが厳しければ厳しいほど、お父さん以外の人が甘くみえる。つまりだ、お父さん以外の家族のいうことには従わなくても、たいして嫌なことは起きない、いうことなんて聞かなくてもどうってことないってふうになりやすいってことさ。

で、こうした関係の家族も、日常のケア、たとえば**ブラッシングとか嫌なことはお父さん以外の人が行うのが一般的**だ。そんなときに、**暴れる、噛みつくなどの行動を起こせば、その嫌なブラッシングから逃れられる。**そうなると、お父さん以外の家族のほうが、「**ある行動の結果、嫌なことがなくなれば、その行動の頻度は高まる**」**っていう学習**を、お父さんの何倍も体験させてしまうことになる。結果、お父さんのいうことにだけ従うようにみえる、ってことが起きてくるのさ。

昔は、ご主人様のいうことだけを聞くってのが好ましいイヌの姿ってされてた。だけど、それじゃあ、お父さんの「しもべ」にはなれても、信頼という絆で結ばれてる、真の意味で家族の一員にはなれない。

お父さん以外は噛まれるなんてケースが出てくるし、実はお父さんも「飼いイヌに手を噛まれる」っていうリスクを抱え込むことになるんだ。

では、どうしたらいいか。それはですね、家族全員で「**あ、そのときはこうすればいいんだ**」、「**そういう合図のときはこうするんだ**」、「**こういう状況のときはこうするのか」ってことをしっかり教えて、家族ひとりひとりとの信頼関係を構築する**ってことさ。

もちろん教え方を知らなければ教えられない。だから、科学的な学習理論に精通した経験豊富なインストラクターに学ぶのがいちばんってことなのさ。

Question 去勢をしたらマーキングは直るの？

先日、1歳の未去勢のオスイヌを連れてペンションに泊まったら、部屋中にマーキングされて困りました。去勢を考えているのですが、マーキングは去勢をすれば直るのでしょうか。

Answer

おいら達をマーキングにかき立てるのは、テストステロンっていう男性ホルモンらしい。その男性ホルモンのほとんどは睾丸でつくられてる。だから、睾丸をなくしちまえば、マーキングにかき立てられる度合いは激減する。

だけど、去勢したらすべてが解決するってわけでもないんだ。

おいらはマーキングなんてしたこともなかった6カ月齢のころに去勢っ

てやつをしてるけど、いまやマーキングが大好きなんだから。

どうやら**生まれながらのテストステロン度が高いか低いかで、マーキングするかどうかは決まる**みたいだ。代表にいわせると、幼いイヌでも、ほかのイヌとどのように触れ合ってるかをみれば、その高いか低いかの傾向がわかるってさ。どうやらおいらは、このテストステロン度が生まれながらに高かったらしい。

プー兄貴や鉄はおいらほどテストステロン度が高くないみたいだ。やつらも去勢手術は受けてるけど、マーキングは一切しないからね。散歩中のオシッコだって、多くても3回ぐらいかな。

おいらはっていうと、自由にさせてくれれば、何十回でもしちゃうぞ。途中から、煙しか出なくなっても、足を上げてその格好をしちまうのさ。

たしかに**去勢手術の結果、マーキングの頻度が激減するのは間違いない。だけど、100パーセントマーキングをしなくなるかどうかは、神のみぞ**

知るってこと。

ちなみに、おいらのマーキングに代表が困ってるかっていうと、そんなことはまったくないぞ。室内では一切やらないしね。

代表がマーキングをしていい場所もいけない場所も決めて、いい場所ではマーキングをさせもらってるから、おいらにももちろんストレスはないのさ。

そう、おいらは代表のコントロール下でマーキングをしてるわけよ。科学的な方法論に即したトレーニングをすれば、そんなことも簡単なのさ。

Question イヌが満足する食事量とは?

ちゃんと食事を与えているのですが、いつももっとほしがります。食事の量が少ないのでしょうか。

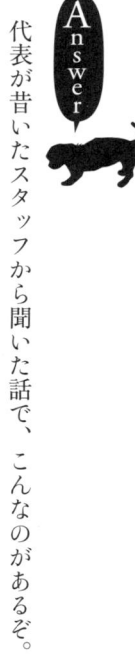

Answer

代表が昔いたスタッフから聞いた話で、こんなのがあるぞ。

そのスタッフがバイトをしてたペットショップに、4カ月齢ちょっとのラブラドールがいた。ある日、自分のケージの鍵がかけられてないことに気づいた。これ幸いとばかりに、そのラブラドールがケージから抜け出すと、そこはペットショップの店の中、イコール食べ物の宝庫ってわけよ。商品のドッグフードがたくさん置かれてる。お腹も空いてるからって、まずは1キロ袋のドッグフードの袋を破り、ペロッと平らげてしまった。このラブラドールが1日にもらっている量は400グラムだから、すでに2日半分をお腹に入れちまったことになるな。

さらに、「う〜ん、いつもより食べたみたいだけど、まだいけるぞ」ってな具合で、2袋目に挑戦したんだ。これも見事に完食し、終点のない食欲列車はさらに突き進んでいったのであったってわけよ。

次の朝、お店にやってきたスタッフはビックリ！　そのラブラドールは4袋目まで手を出し、いや口を出し、その半分で力尽き、「参りました」って感じで、お腹をパンパンにして横たわってたんだって。そのさまは、満足してるのか、苦しんでるのか、わからない状態だったそうだ。

つまり、**イヌは適正量の何倍ものフードが食べられる**ってこと。

イヌには満腹中枢ってやつがないって人もいるけど、それは間違いだ。満腹中枢はある。ただ、満腹中枢ってのは血糖値が上がったときに、あるいは物理的にお腹がパンパンになったときに、「もう食べたらあかんよ」、

「それ以上食べたら危険よ、健康に悪いよ、どうなっても知らんよ」って指令を出す。

でも、**イヌの食べ方は基本的に早食いだから、血糖値が上がる前に次々とワンコそば状態で食べられちまう**ってわけ。

物理的にお腹がパンパンになるってのも、かなりの量を食べないといけない。おいら達イヌのお腹は想像以上に膨れるからね。知ってるだろ？イヌの皮ってタルタルなのよ。お腹の皮なんて、人間とは違って、ビヨ〜ンって伸びちゃうんだから。

ま、そんなわけで飼い主さん。いくらイヌが食べたがっていても、適正量以上の食事は与えないでおくれよ。あっという間に、肥満になっちまうからさ。

Question どんなダイエット方法が効果的なの？

イヌも太りすぎはカラダに悪いと聞きました。うちのイヌはもう少し痩せたほうがいいみたいです。効果的なダイエットの方法があれば教えてください。

Answer

実は、おいらはダイエット経験者だ。

1歳半を越えたころに、体脂肪率を計ったら36パーセントあったんだ。代表の体脂肪率は23パーセントで、奥さんから太ってるっていわれてる。それと比べれば、完全な肥満だな。

だけど、獣医さんがいうには、おいらは「完全な肥満」ではなく「肥満予備群」ってことだった。

獣医さんの話では、**イヌは人間よりも若干体脂肪率が高いのが標準らしい**。それでも、36パーセントはやはりダイエットの対象ってのが判定結果だ。で、**適性の範囲である20パーセント台まで落とす**ことを勧められたってわけさ。

翌日から、おいらは早速ダイエットをさせられた。

代表のダイエット方法は、論理的かつ極めて乱暴だぞ。

体重を減らすには、消費カロリーが摂取カロリーを上まわればいいわけだ。人間の場合、ジョギングやジムに通うなりして消費カロリーを増やすってことも考えられるんだけど、イヌはジムにも通わないし、ジョギングも勝手にはしない。運動をさせるためには、代表みずから付き合わないといけない。それ以上に、そもそも運動で消費できるカロリーなんて、たかがしれてる。

ならば、摂取カロリーを減らそうではないかってことよ。

幸いにも、おいら達は冷蔵庫を勝手に開けて食べ物を食べたり、コンビニに出かけてスナックを買って食べたりすることもない。

代表が管理を怠らなければ、摂取カロリーのコントロールは確実にできる。すなわち、**消費カロリーよりも摂取カロリーを確実に少なくすることが可能ってこと。確実にダイエットができる**ってわけさ。

おいらの場合は、**それまで与えられてたフードの量を60パーセント程度に減らされちまった**。これはダイエットに詳しい獣医さんのアドバイスによるものだ。**80パーセント程度のカロリー減ではすでに蓄積されてる脂肪の燃焼はそうそう起きない**のだとか。

そんなに減らされてお腹が減らないのかって？

う〜ん、どうかな。おいらは代表のところに来てから、食器でどばっと食事をもらってない。トレーニングの時間が食事の時間であり、何か好ましい行動をとった報酬として、1日のフードをもらってる。そもそも、どばっともらってないわけだから、そんなに大変なことでもなかったような気がするぞ。

で、結果はどうなったかって？

カロリーをそれまでの60パーセントに減らし、1カ月半。再び体脂肪率を計ってみると……。

なんということでしょう！

体脂肪率が27パーセントまで落ちてたのでした。

ちなみに、体重は1カ月半で8・1キロから7キロに。見事ダイエットに成功したのさ。

以上、おいらのダイエットをまとめると次のようになるってこと。

1：**1日の摂取カロリーを60パーセントに減らす**

2：**食事はドライフードを1粒1粒手からもらうハンドフィードで**

3：**食事回数は1日5～6回、それもトレーニングなどを通じて**

4：**おやつ類は一切なし**

5：**体脂肪率を目安に適正体重を決める**

ダイエットをお考えの方はぜひ参考にしてみてよ。

え、体脂肪率ってどうやって計るのかって？　イヌの体脂肪計をもってる獣医さんのところで計ってもらっておくれ。

Question 食糞をやめさせるにはどうしたらいいの？

5カ月齢のシーズーを飼っていますが、ウンチを口にします。これは異常なのでしょうか。

Answer

異常でもなんでもないぞ。よくある話だから、ご安心くださいってこと。代表の経験では、サークル飼いで、留守がちの飼い主に飼育されてる場合、半数以上の仲間たちが3～4カ月齢で、この食糞《しょくふん》をはじめる感じだってさ。

栄養不足（ミネラル不足）、フードの未消化、寄生虫や胃炎、欲求不満（ひまつぶし）、空腹なんかが原因らしいけど、いちばんは飼育環境の問題が大きいみたいだ。

そもそも、ペットショップのショーウィンドーの中で、ウンチを食べてる子イヌたちもけっこういるぞ。出くわしたことがないかい、食べてる場面に。

そう、**トイレとベッドが同一空間にあるような環境で、ひとりにされる時間が長いと起きやすい**ってことだ。

ほとんどは成長とともに直っていくんだけど、習慣化しちまって、大人になってもそのクセが残っちまう仲間もいる。もしそうなったら大変だ。代表は積極的に食糞の体験をさせないようにってアドバイスしてるんだ。

やるべきことは簡単。寝床とトイレを別空間にするってこと。

「キャリーケースで休ませる→キャリーケースから出てるときには、つねに飼い主がみられる状態にする→目を離すときはキャリーケース内で待機させる」

これを徹底すると、イヌがウンチをしたら、飼い主がすぐにウンチを回収できる。

おいら達は体験を学習し、習慣化させていく。体験できなければ、学習できない。そもそも成長とともによくなっていくことが多いのだから、ウンチを食べるって体験をさせなければ、習慣化は確実に防げるってわけさ。

ミネラルを多く含んだ海草類入りの補助食を与えてみたり、フードを変えてみるってのもためすといい。ミネラル不足やフードの未消化などが原因の場合には、効果が期待できるからね。食糞防止のサプリメントってのもあるから、そういうものを与えてみるのもお勧めだ。

寄生虫や胃炎が原因で食糞になるイヌは、異物を食べるとその不快感が軽減されるようだ。そうした病気の可能性もあるかもしれないから、ま、一度は獣医さんに診てもらうことだね。

ちなみに、いまは亡きプー兄貴は、捨てられてたのを拾われて2週間ほど保護されてた動物病院内で、食糞をはじめちまったらしい。鉄も3カ月齢まで保護されてたから、同じようにときどき食糞をしてたんだって。

だけど、代表のところに来て、キャリーケース&トイレサークルって飼育環境になった。それだけで、食糞っていう問題がなくなっちまったってさ。ウンチを食べる体験ができないから、成長とともに自然と食糞も直っちまったみたいだって。

とはいっても、鉄のやつ、自分のウンチは食わなくなったけど、おいらのウンチは食べようとすることがあるんだ。どうもこれはおいらが食べるフードによるらしい。それによって、おいらのウンチが鉄にとってはおいしそうに感じるみたいなのさ。

いや、それとも、そういったプレイなのか？　愛のひとつのカタチなのか？

おー、きも～い！

Question イヌも認知症になるの？

人間と同じように、イヌも認知症になるのでしょうか。実際には、どのような感じで最後を迎えるのか教えてください。

Answer

そもそも認知症ってのは、年齢とともに脳が老化した結果、認知機能が低下するってこと。言葉や道具を使いこなすといった高次機能にかかわる部分を除いて、脳の基本構造はおいら達も人間もそれほど変わらないから、イヌも当然認知症になるってわけだ。

代表はこれまで、プー兄貴以外に、18歳のプードルを2匹と21歳のマルチーズを看取ってきた。

プードルは2匹とも10歳前後から目が白く濁りはじめた。15歳くらいで

1匹は完全に失明状態になったらしい。そのプードルは、脳そのものの老化も進んでたようだ。まっすぐに進むことができなかったんだって。壁にぶち当たりながら前進していく。そんな状態だったってさ。

感覚器官は視覚の次に聴覚が衰えるらしい。目がみえないうえに、耳まで聞こえなくなると、不安感が増幅するみたいだ。だから、2匹のプードルは、昼夜を問わず、遠吠えとも普通の吠えとも違う感じのさびしげな声で鳴くようになったんだって。それでも、嗅覚は大丈夫だったみたいだ。

逆にいえば、おいら達イヌは嗅覚がダメになった時点で、寿命が尽きるってことだ。

イヌは匂いで食べ物を判断して、食べるって行動をするんだけど、嗅覚がダメになると、食べ物を口にしなくなるんだって。そうなると、やがて衰弱していく。最終的に嗅覚がダメになったプードルたちは、食べなくなって、1週間程度でその一生に幕を閉じた。

一方で、マルチーズのほうは、死ぬ間際まで眼球が白濁することはなかったみたいだ。だけど、あるとき獣医さんに診てもらったら、いつからそうなったのかはわからないんだけど、失明状態になってたんだって。

このマルチーズは21歳まで生きたんだけど、長生きした分だけ、脳の老化がずいぶんと進んでたみたい。それにもかかわらず、**お亡くなりになる数週間前まで、その体格、年齢からは想像できないほどの食欲をみせてた**らしい。

「え、まだ食べたいの？」「え、そんなに食べるの！」

認知症になった人間のお年寄りが食事をしたことを忘れて、何度も食事を要求するってことがあるけど、それに近い感じってわけよ。

まあ、かようのごとく、**イヌだって人間と同じように認知症になる**ってことさ。そんなときのために、**若いころからケアに慣らしておく**ことだね。ケアもしつけの一環だからさ。

Question

フードでトレーニングされたイヌは卑しいの?

「フードを使ったトレーニングはイヌを卑しくする」。こんなことをいう人がいますが、本当のところはどうなのでしょうか。

Answer

フードを報酬に用いたトレーニングは、いまや世界的に主流だぞ。イルカのトレーニングだってそうさ。ショーで活躍するイルカをみて卑しいって思うかい?

動物たちはみんな、「食の確保」、「危険回避」、「子作り」のために、生きてるんだ。それが本能ともいえる。そんな行動をみて「卑しい」って感じるのは、そんな人間に「卑しい」心があるからじゃないのかしらん。

ほら、よくあるじゃない。女性の裸なんかが描かれてる芸術作品をみて、美しい心の人はその美しさに感動し、いやらしい心の人はそれを猥褻《わいざつ》だと騒ぐ。それと同じじゃないかって、おいらは思うわけ。

たしかに、間違った形でフードを用いたトレーニングを行うと、フードがないと飼い主のいうことを聞かなくなっちまうってやつらが出てくる。

それ、「フードの切れ目が縁の切れ目」って代表はいってるぞ。でも、適切なトレーニングをすれば、そうはならない。代表がフードを手にしていなくても、おいらはちゃんと指示に従える。報酬は毎回もらえなくてもいい。科学的な理論に即したトレーニングをすれば、そうなるってもんさ。

トレーニングにフードを用いるのは、ネズミから人間まで、もちろんおいら達イヌも、「ある行動の結果、いいことが起きれば、その行動の頻度を高める」って法則を利用してる。

重要なのは、ある行動の結果、おいら達イヌにとって「いいこと」が起きるってことさ。「いいこと」ってのは、フードにかぎらない。**視線をか**

けられることも、**言葉をかけられる**ことも、**触られる**ことも、**散歩に行ける**ことも、**遊んでくれる**ことも、**水をもらう**ことも、**匂いかぎ**も、**そのときにイヌが「いいこと」って感じることであれば何だってかまわない**んだ。

でも、好きでもない相手からみつめられたり、声を掛けられたりしても、「いいこと」にはならないだろ。触られることだって、嫌いな相手だったら嫌なことになるぞ。

散歩に行けるのがいいことだとしても、オスワリをするたびに、報酬として散歩に連れていくなんてできないだろ。水だってのどが渇いてなければ、いいことにはならない。

どんなときでも提供できる「いいこと」ってのは、そう多くはないんだ。その点、フードは満腹じゃなければ、あらゆる場面で「いいこと」として使える「いいこと」なのさ。

しかも、いっつもほめ言葉をいわれてからフードをもらってると、ほめ言葉自体がいいことになっちまう。これ、パブロフのイヌの実験と同じ原理だ。さらには、フードをもらいながら触られてると、触られることも「いいこと」になる。

そう、フードを上手に「いいこと」として使えば、声を掛けられたり、触られたりするのだって、「いいこと」になるってわけ。すなわち、**フードを使ったトレーニングは、最終的にはフードを抜いていける**ってことなのさ。

Question 各国のしつけのスタイルはどう違うの?

しつけのプロに学ぼうと考えていますが、欧米スタイルとかイギリス式とか、いろいろな方法があるようです。その違いは何でしょうか。

Answer

代表はスクール設立当初、アメリカ人のトレーナーに学んだから、「欧米式」ってうたってたんだって。

だけど、現在は「欧米式」とはいってないぞ。心理学や脳科学なんかの科学的な学習理論を取り入れるようになったからだ。

かつてのイヌのトレーニングってのは、科学的なものじゃなかったんだって。「理屈なんてどうだっていい。こうやれば、こうなるんだ」っていう経験に基づく方法だったわけ。これは軍用犬や警察犬のトレーニングなんかで培われてきたものだ。

その後80年代に入ると、欧米では行動学っていうのに基づいたトレーニング方法ってのが生まれた。それが日本に輸入されたのが90年代。代表はこの時期にイヌのトレーニングを学びはじめた。

当時、日本のトレーニングは欧米に比べて10年は遅れてるっていわれてた。飼い主がイヌのリーダーになれば従順になるっていう「アルファシンドローム」なんかが海外から入ってきて、広まっていったのもこの時代だ。

だけど、2000年代に入ると、トレーニング理論の基軸が行動学から学習心理学っていう、より科学的なものへと移り変わってきた。インターネットってやつの普及と相まって、その最新情報が時間差なく日本にも入るようになった。

つまり、**現在のトレーニングの基本となる方法論は学習心理学がベースってこと。**学習心理学は科学だ。科学は万国共通だから、そうした理論に基づいたトレーニング方法なら、国による違いなんてないんだ。もし違いがあるとしたら、それはトレーニング・スタイルじゃなくて、その教える内容、ルール、マナーなんかの違いさ。

たとえば、欧米先進諸国では、公園などではノーリードが許されてることが多い。だから、そういうところの多くでは、ノーリードを前提にしたトレーニングをするわけよ。

だけど、日本では基本的にリードをつけるってことが義務づけられてる。**日本のイヌに必要なのは**、ノーリードでお散歩できるためのトレーニングではなく、**リードをつけていても楽しめるお散歩のトレーニング**ってことなのさ。

「ノーリードのお散歩を目指します」

これをキャッチフレーズにしてるトレーナーが日本でもいるみたいだけど、それってルール違反を教えますっていってるようなもの。そんなのにだまされちゃいけないぞ。

ルールやマナーの違いはあれど、海外のちゃんとしたトレーナーやインストラクターの話を聞くと、その考え方やトレーニング方法に、国の違いなどほとんど感じない。

現代において、ドイツ式、イギリス式、オーストラリア流とかうたってるなら、それは古い方法論を用いてる。あるいは、ルールやマナー面で日本にそぐわない内容だって明言してるもんじゃないかって、おいらは思うわけ。

○○式とかの言葉には惑わされず、学習理論に基づく科学的なトレーニング方法をしてるかどうか。トレーナーやインストラクター、しつけ教室を選ぶ際には、そこを判断基準にしておくれってことさ。

Question **イヌはみんな泳げるの?**

イヌかきという泳ぎ方があるくらいですから、すべてのイヌが泳げると考えていいのでしょうか。

Answer

うーん、それはどうかな。

イヌは泳げて当たり前って思ってるかもしれないけど、実は泳ぎが苦手な仲間もいるんだぞ。

おいらの兄貴分、いまは亡きプー兄貴がそうだった。

プー兄貴は推定4月1日生まれ、おいらは3月23日生まれ。おいらもそうだったけど、プー兄貴も、最初の夏に海に連れていってもらった。お互いに5～6カ月齢のときだ（歳は8つ以上も違うんだけどね）。

おいらは代表に抱かれて、海の中に連れていかれた。とはいっても、代表の膝上ぐらいまでの深さだ。最初はおいらのカラダは水に浸かってない。

そこで、代表がおいらのカラダを水平に保って、水の中に入れたんだ。おいらは足先が水に浸かったとき、地面を歩くというか走るというか、そんな動きを自然としたものさ。

代表曰く、イヌを上手に泳がせる極意は、「豆腐屋さんに学べ！」だそうだ。

豆腐屋さんが豆腐を切って水桶の中に流し入れる感じで、優しくおいら達イヌを水の中に入れて、手を離していくんだってさ。

もちろん、おいらは波をかき分け、スイスイと前に進んでいけた。

代表は、おいら以外に何匹も、はじめての水泳をイヌに教えてる。だから、教え方がとってもうまいわけよ。それ以来、おいらは、川でも、海でも、プールでも、どこでも上手に泳げる。

だけど、代表がイヌに水泳を教えるのがうまいってのにはワケがあるんだ。

そのワケとは、そう、お察しのとおり。プー兄貴で、大失敗をやらかしちまったからね。プー兄貴の場合、お豆腐屋さんではなくスパルタ式、「水に入れればとにかく泳ぐ！」って、やっちゃったんだって。

そのころの代表は、家庭犬のしつけインストラクターを目指して勉強をはじめたばっかり。簡単にいえば、自称「イヌに詳しい人」、でも実態はただのおっさん。

イヌはみんな泳げるもんだと思ってたから、いきなりプー兄貴を代表の胸の深さのところまで抱いていったそうだ。プー兄貴は代表にしがみついてたらしい。

だけど、当時の代表は「イヌはみんな泳げる」って思ってるから、木にしがみついてるカブトムシを引きはがすように、プー兄貴を引きはがし、水の中に離したんだってさ。

すると、なんということでしょう。プー兄貴は、必死になって手足をばたつかせるんだけれども、それはイヌかきからはほど遠く、泳げない人間がおぼれそうなときとまったく同じように、カラダは水平ではなく垂直に立ち、前足は水の上の空気をかいてるような状態になっちまったそうだ。放っておけば、そのまま後ろ足のほうから沈んでいくのが目にみえてた、ってんだからかわいそうだ。

もちろん、代表は大反省したってさ。

その後、代表がいろんな人にうちのイヌは泳げないって話をしたら、うちのイヌも泳げない、うちのイヌはそもそも水が嫌いってのが少なからず出てきたそうだ。

代表にいわせると、プー兄貴とおいらは、泳がせる前に海辺をお散歩したときの様子から違ってたって。

プー兄貴は打ち寄せる波をこわがって、波から数メートル距離をとって歩いてたらしい。おいらは違う。波なんかおかまいなしっていうか、打ち寄せる波を楽しむようにはしゃいでるような感じだったって。

泳げるかどうか調べるには、イヌと一緒に波打ち際を歩いてみればいいのさ。そのときにウキウキしてるようだったら水に浮く。気持ちが沈んでるようだったら、きっと水にも沈んじゃう。そういうこと。

Question **ダックスは短足なの？ 胴長なの？**

私のイヌはダックスフンドなのですが、ダックスって足が短いのでしょうか。それとも、胴が長いのでしょうか。

Answer

お母さんがミニチュア・ダックスだからなんだろうね、おいらも足は短い。実際には、足が短いのか、胴が長いのか。うーん、おいらも悩んだものさ。

だけど、その謎は次第に解明しつつある。アメリカの研究チームが、短足に関係する遺伝子をみつけたんだ。米科学誌「サイエンス」の電子版で発表された内容だから、これってウソじゃないぞ。

この研究チームは、おいら達イヌが同じ種なのにもかかわらず、ずいぶんといろんなカラダの形態があるってことに疑問を感じたんだろうね。そこで、形態の特徴と遺伝子との関係を調べたんだ。それも、短足犬種8種95匹と、短足でない犬種64種740匹でね。

そのDNAの分析から、短足犬種だけが「線維芽細胞成長因子《せんいがさいぼうせいちょういんし》4(FGF4)」ってたんぱく質をつくる遺伝子の余分なコピーをもってることがわかったんだって。

え、短足犬種ってそんなにいるのかって？　やだなぁ、たくさんいるぞ。ダックスだろ、コーギーだろ、バセットハウンドもそうだ。プチ・バセット・グリフォン・バンデーンなんてのは白っぽいんだけど、黒くするとおいらに似てるぞ。あと、基本的にテリア種ってのは、ダックスほどではないけど、胴長・短足が多い。ノーフォーク・テリアとか、ウエスト・ハイランド・ホワイト・テリアなんかそうだ。

自慢じゃないけど、おいらの足もダックスほどは短くないぞ。

おっと、話を戻そう。

その遺伝子の余分なコピーをもってると、足の骨が長く伸びる前にその成長がとまっちまうらしい。人間もそうだけど、おいら達イヌも、カラダの末端にいくほど、成長過程の後半になるにつれて成長するようになってる。人間の赤ちゃんなんて、手が短くて頭の上で手を組むことができないくらいだ。イヌも同じだ。生まれたときの鼻はまだ短いけど、成長するに従って鼻が伸びてくる。手足だって伸びる。

「さあ、いよいよ手足を伸ばすぞ！」ってときに手足が伸びなければ、そりゃあなた、手も足も出ないってもんよ。だけど、それ以外の骨はまだ成長するから、結果的に短足になっちまうのさ。

どうだい、わかったかな。

そう、ダックスフンドなどの犬種は、胴が長いんじゃなくて、足が短かったってわけよ。

Question

イヌはお酒に酔うの？

イヌにもお酒に強い、弱いというのはあるのでしょうか。

Answer

お酒に強い弱いはあるかって質問だけど、それ以前の話として、イヌはお酒を飲みたがらない。飲まないから、強いか弱いかわからないってのが結論だ。しかも、**イヌにお酒はNG**だからな。

でもまぁ、それをいっちゃおしまいだから、話をとにかく進めていこう。

そもそも、お酒に強い弱いってのは、人間の場合は12番目の染色体に、通称名「アルデヒド分解酵素2」って呼ばれるＡＬＤＨ２という遺伝子があって、お酒が弱い人はこれが少ないからだっていわれている。

実はおいら達イヌにも、このＡＬＤＨ２と同等の遺伝子は存在する。

ってことは、おいら達のなかにもアルコールに強い、弱いってのがあるのかもしれないな。でも、本当のところはわからない。

おいらと鉄はどうかっていうと、お酒の匂いをかいだだけで、ごめんなさい、許してくださいい状態だ。でもプー兄貴は違ったみたいだな、これが。

ある日、代表がビールを飲んでると、そばで座ってジ～とみてたんだって。「ほら、座ったよ。ご褒美にそれちょうだい」って代表にはみえた。そこで、ためしにビールのコップを彼の鼻先に差し出すと、ペロペロっておいしそうに舐めたんだって。

こいつ酒が好きなのかって、代表はいろいろためしてみたってさ。焼酎、ウイスキー、日本酒、ワイン、紹興酒……と。結果は、日本酒とビール以外は、べ～って顔つきでどこかに退散しちまったそうだ。

プー兄貴には持病もあって、獣医さんにしょっちゅう診てもらってたから、酒を飲ませていいかってのも聞いてみたんだって。獣医さん曰く、「ひと口、ふた口舐めるくらいなら問題ないのでは？」ってことだったって。

ちなみに、おいら達イヌは体重１キロあたり４・１グラムを超えるアルコールを摂取すると、24時間以内に半数が死んじゃうんだってさ。

プー兄貴は体重が17キロだったから、６９・７グラムを超えるアルコールをとると、50パーセントの確率で死んじゃうかもしれないってことだ。

６９・７グラムのアルコールっていうのは、アルコール度数15パーセントの日本酒で換算すると、ワンカップなんとかを２本以上飲む計算になるんだ。

ま、ペロペロって少し舐めるくらいなら、たしかに問題ないかもだ。

ためしに代表で計算してみよう。代表は70キロあるから、イヌだったら２８７グラムを超えるアルコールで半分ご臨終だ。でも、２８７グラムのアルコールって、計算すると１升を超える。「そんなに飲んだら、俺も本当に死んじゃうかも」って代表はいってるぞ。

そうそう、プー兄貴だけど、実は1回だけ千鳥足になったことがあるんだってさ。ただ、それはお酒によるものじゃない。

「のみ」の予防薬っていえば、いまは背中に液剤を垂らすタイプが普及してるけど、あれにはスプレータイプってのもあって、かつてはそっちのほうが先に出まわってたらしい。

そのスプレーの成分にはアルコールが入ってたんだ。説明書きには、風通しのよいところで噴霧しろとか、場合によってはアルコールを吸引することによって酔う症状が出るって書かれてたんだって。

ある日、そのスプレーを室内でプー兄貴に噴霧したら、しばらくの間、少しよろけてるような動きをしてたんだってさ。

おっと、いたずら心は出さないでおくれよ。さっきもいったけどイヌにアルコールはNGなんだからね。

くれぐれも実験なんてしないでくれよ。頼むぜぃ！

成美文庫

もしも、うちのワンちゃんが話せたら…

著　者　西川文二《にしかわぶんじ》

発行者　風早健史

発行所　成美堂出版

〒162-8445　東京都新宿区新小川町1-7

電話(03)5206-8151　FAX(03)5206-8159

印　刷　大盛印刷株式会社

ISBN978-4-415-40164-5

落丁・乱丁などの不良本はお取り替えします

定価はカバーに表示してあります